SUPERサイエンス

世界を変える電池の科学

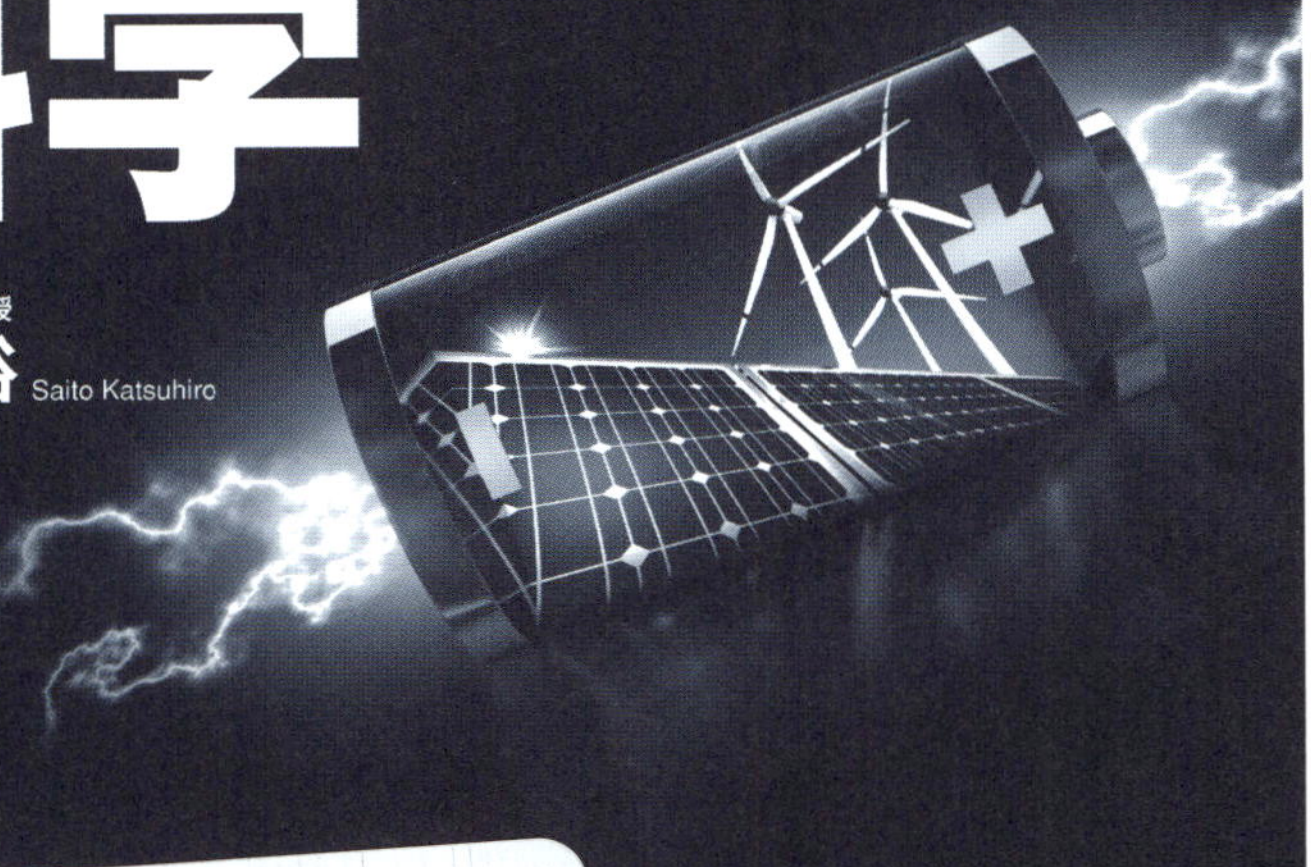

名古屋工業大学名誉教授
齋藤勝裕 Saito Katsuhiro

C&R研究所

■本書について

- 本書は、2018年11月時点の情報をもとに執筆しています。

●本書の内容に関するお問い合わせについて

この度はC&R研究所の書籍をお買いあげいただきましてありがとうございます。本書の内容に関するお問い合わせは、「書名」「該当するページ番号」「返信先」を必ず明記の上、C&R研究所のホームページ（http://www.c-r.com/）の右上の「お問い合わせ」をクリックし、専用フォームからお送りいただくか、FAXまたは郵送で次の宛先までお送りください。お電話でのお問い合わせや本書の内容とは直接的に関係のない事柄に関するご質問にはお答えできませんので、あらかじめご了承ください。

〒950-3122　新潟市北区西名目所4083-6
株式会社C&R研究所　編集部
FAX 025-258-2801
「SUPERサイエンス 世界を変える電池の科学」サポート係

はじめに

現代社会は電池の上に成り立っていると言うことができます。電池が無かったら、全ての電気製品は電源からコードを引かなければならなくなります。コードに繋がれた携帯電話などマンガにもなりません。

一口に電池と言っても、いろいろの種類があります。懐中電灯に入れるマンガン乾電池から、飛行機に積むリチウムイオン電池、あるいは太陽電池、水素燃料電池まで各種あります。また、乾電池のような1回きりのいわば使い捨てから、バッテリーのように蓄電機能のあるものもあります。

最近では、太陽電池などの普及に伴い、蓄電機能の方に重点が移ってきている面もあります。電池はこれからも高性能、多機能化に向かって進んでいくことでしょう。

ところが、私たちの電池についての知識は意外に乏しいのではないでしょうか？　最も一般的なマンガン乾電池についてすら、その発電機構を説明できる人は少ないのではないでしょうか。

本書は、このような電池の構造と発電機構を簡単に、しかもわかりやすく解説したものです。化学が苦手、あるいは嫌いな方も、眉にしわすることなく、気楽に読み進むことができます。扱う電池の種類は最も基本的なボルタ電池から、最新の水素燃料電池、さらには開発途上の量子ドット太陽電池まであらゆる電池を解説しています。

本書で電池に興味を持たれ、各種の電池を上手に使いこなすことができるようになられることを願っています。

２０１８年11月

齋藤 勝裕

CONTENTS

CONTENTS

Chapter 4 蓄電池

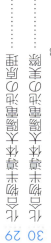

CONTENTS

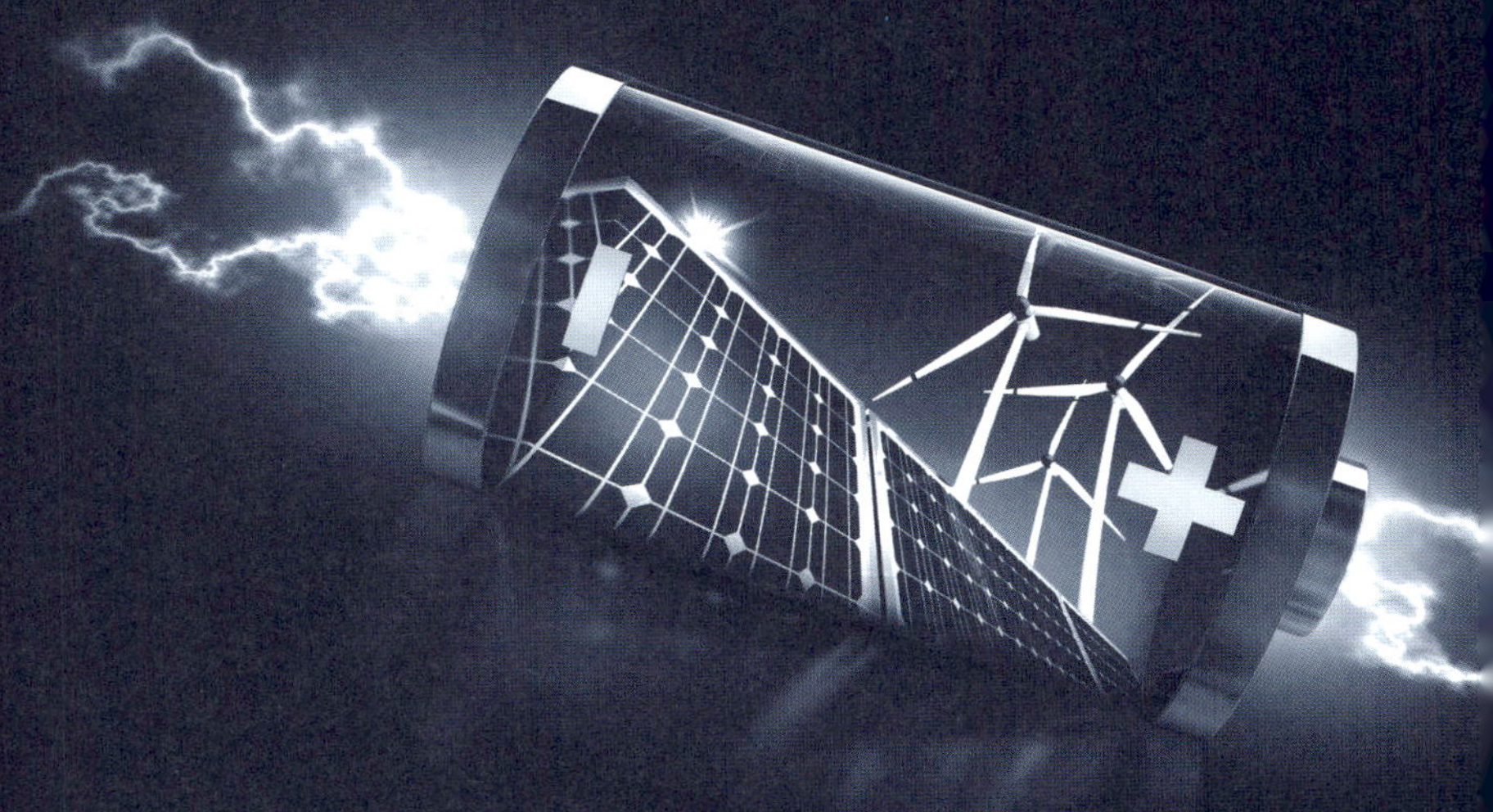

Chapter. 1
電池の原理

SECTION 01

電池の歴史

電池とは一体何でしょう？　広辞苑によれば「化学反応によって電流を発生させる装置」とあります。それでは太陽電池はどうなるのでしょうか？　後に見るように、太陽電池の中では化学反応は起きていません。

典型的な電池である乾電池は、あの小さな容器の中に「電流を発生させるのに必要な全ての物」が入っており、それを使って電流を起こします。

しかし、水素燃料電池は電池に外部

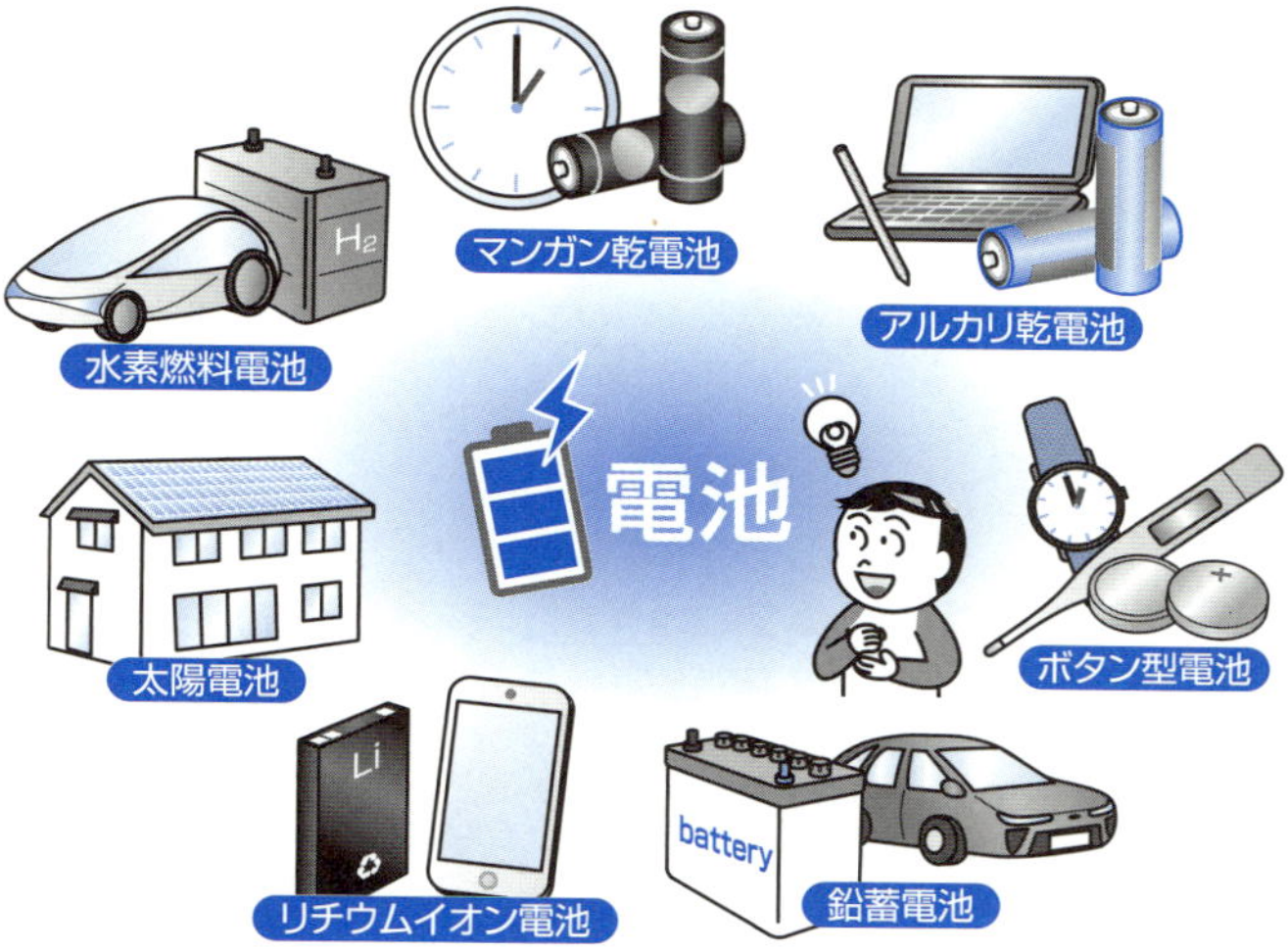

マンガン乾電池
アルカリ乾電池
水素燃料電池
H_2
電池
太陽電池
ボタン型電池
Li
リチウムイオン電池
battery
鉛蓄電池

から燃料を補給しなければなりません。ということで、一口に電池と言いますが、電池にはいろいろの種類があります。

歴史的電池

本当に電池だったのかの検証はともかく、古い大昔にも電池があったかもしれない話はあります。

❶バビロニア文明の電池

バビロニア文明は、世界の四大文明の発祥地であるチグリス・ユーフラテス文明の一つとして紀元前1900～1700年に繁栄した文明です。

かつて、この文明圏の中心であったバグダッド近郊で、1932年不思議なものが発掘されました。高さ約10㎝、直径約3㎝の素焼きの小さい土器です。その中にアスファルトで固定された銅の筒が入っており、その中に鉄製の棒が差し込まれていました。また、底に何らかの液体が入っていた痕跡が残っていたといいます。

当初、何に使われた容器なのかわかりませんでした。ところが１９３８年、これは「ガルバニ電池の一種ではないか」とする論文が発表されたのです。その後、１９７８年に「パルティア時代の電池と推定される器具」として展示されたことで世界中の話題となりました。

問題は容器が銅Cu製で、そこに挿入装柱された棒が鉄Fe製であり、容器になんらかの溶液が入っていた痕跡があるということです。これだけの用具があれば、化学者だったらすぐに化学電池を思い出します。化学電池の詳しい原理と構造については、Chapter.2でご説明します。

これは電池ではないかと直感した電池メーカーの技術者が復元実験を行ったところ、電圧０・９〜２V程度で発電されることが明らかになったのです。その上、溶液（電界溶液）にブドウジュース、金溶液にシアン化金を用いたところ、数時間で銀製品に金メッキすることができたと言います。

この実験は検証を積まなければならない点がたくさんあります。しかし、古代バビロニア文明において、電池が存在した可能性があることを示すものと言えるのではないでしょうか。

❷ エレキテル

時代は下りますが、電子科学産業を売りものにする日本としては、売り出したいのは江戸時代の博物学者「平賀源内」です。彼が復元した摩擦起電器は、エレキテルとよばれ、江戸の社会に一大センセーションを引き起こしたようです。

●平賀源内

しかし、これは電池ではなく、静電気を起こす装置でした。冬に化繊の下着と羊毛のセーターを重ね着すると現れる、あのバチッとした静電気と同じものだったのです。源内は電気の発生する原理を陰陽論や仏教の二元論などで説明しようとしたようですが、電磁気学に関する体系的知識は持っていなかったとされています。

現代の電池

近代的な電池が登場するのは、イタリアの科学者ガルバーニによる有名なカエルの解剖実験を待たなければならないようです。

科学では①「実験的な発見」→「理論確立」となるケースと、②「仮説提出」→「実験で証明」となる2つのケースがあります。科学が進むだけ進んでしまった現在では、②のケースが、少なくとも超理論的な素粒子関係では多いようです。しかし、化学の世界はまだ理論は現実に追いついていけず実験的な発見、証明が重要とされます。

このような時代において、重要な発見となったのがイタリア人科学者ガルバーニの行ったカエルの解剖実験でした。彼の実験、およびその解説は優れたものでしたが、その結果を実証したのは、同じイタリア人科学者ボルタでした。

彼が発明し、彼の名前をとったボルタ電池は、すぐその後にダニエルによって改良され、ダニエル電池となりました。しかし、このボルタ、ダニエル電池こそは、その後の化学反応を利用した全ての電池、化学電池の基本になる物と言ってよいでしょう。

●ボルタ

SECTION 02

金属の溶解

電池の本なのに金属の説明が出てくるのはおかしいと思われるかもしれませんが、電池の発電（起電）というのは、元々は金属の反応なのです。それも、基本は金属が溶けるということです。

亜鉛の溶解

金属が溶けると言うのはどういうことなのか、亜鉛Znを例にみてみましょう。

亜鉛は灰色の金属です。亜鉛の板を硫酸H_2SO_4の水溶液に入れます。すると亜鉛は熱を発しながら溶けていき、亜鉛板の表面からは泡が出てきます。この泡の気体を試験管に集めて、マッチで火を着けるとポンという音がします。このことから、この気体が水素ガスH_2であることがわかります。

つまり、亜鉛は硫酸に溶けて水素ガスを発生したのです。これはどういうことでしょうか？

亜鉛と硫酸の反応式

亜鉛と硫酸の実験は化学的にどのようなことを意味するのでしょうか。亜鉛が硫酸に溶けた反応は反応式で次のように表されます（①）。

❶反応の表面

つまり、亜鉛Znと硫酸H_2SO_4が反応して硫酸亜鉛$ZnSO_4$と水素ガスH_2になったのです。そして、この反応が熱を出したのです。このように、進行するときに熱を出す反応を発熱反応と言います。反対に反応するときに周囲から熱を奪って、周囲を冷たくする反応を吸熱反応と言います。

そして、熱はエネルギーの一種なので、この時に発生したり、吸収

●亜鉛と硫酸の反応

$$Zn + H_2SO_4 \rightarrow ZnSO_4 + H_2 \quad ①$$

されたりした熱の事を反応熱、あるいは反応エネルギーと言います。

❷ 反応の中身

反応式①はZnとH_2SO_4が反応して$ZnSO_4$とH_2になったことは表しています。つまり反応の最初と最後だけを表しているだけなのです。それにしても、純粋の$ZnSO_4$は白い結晶です。つまり固体です。

しかし、先ほどの実験では、Znの固体は溶けて減っていきましたが、$ZnSO_4$の固体はどこにも現れませんでした。これはどういうことなのでしょうか？　$ZnSO_4$はどこに消えたのでしょうか？

この疑問に答えるためには、反応の途中経過を見てみる必要があります。この反応の途中経過、つまり反応の中身はどうなっているのでしょうか？

❸ Znの消失

Znが溶けて無くなったように見えたと言うことは、Znが亜鉛イオ

●亜鉛のイオン化

$$Zn \rightarrow Zn^{2+} + 2e^- \quad ②$$

ンZn^{2+}になったことを意味します。全ての原子は原子核と電子e^-からできています。Znが亜鉛イオンZn^{2+}になったと言うことは、Znが2個の電子を放出したと言うことを意味します(②)。

イオンは水に溶けてしまいます。そして、Zn^{2+}は無色です。電子は極小の粒子で水に溶けますから電子も見えません。だからZnは溶けて無くなったように見えたのです。

❹ H_2の発生

それでは水素ガスH_2の発生は、どのようにして起こったのでしょうか? それについては硫酸H_2SO_4を見なければなりません。H_2SO_4は水中で電離して硫酸イオンSO_4^{2-}と水素イオンH^+になっています(③)。

このH^+がZnから発生した電子e^-と反応して水素原子Hとなり(④)、それが2個反応して水素分子H_2の気体、水素ガス

●硫酸の変化と水素ガスの発生

$$H_2SO_4 \rightarrow 2H^+ + SO_4^{2-} \quad ③$$

$$H^+ + e^- \rightarrow H \quad ④$$

$$2H \rightarrow H_2 \quad ⑤$$

となったのです(⑤)

❺ $ZnSO_4$の生成

それでは$ZnSO_4$はどうなったのでしょうか? $ZnSO_4$は反応式②のZn^{2+}と反応式③のSO_4^{2-}が反応すればできます。しかし実際には両者とも水中ではイオンとして溶けたままです。ですから、$ZnSO_4$は固体にならず、目に見えなかったのです。以上の事を正確に表すには、反応式①は、次のように書き直した方が良いのかもしれません(⑥)。

このように化学反応と言うのは、最初と最後の状態だけを表す反応式が示すものより、ずっと複雑な過程を経て進行しているのです。そしてここで見たイオンの生成と反応が電池反応の本質を形成しているのです。

❻ 電子の反応

以上の一連の反応は電子e^-がZnから発生してH^+と反応したものと

●硫酸亜鉛の生成

$$Zn + 2H^+ + SO_4^{2-} \longrightarrow Zn^{2+} + SO_4^{2-} + H_2 \quad ⑥$$

見ることもできます。その様な見方から、電子を中心にしてまとめた式が図のカッコの中の一組の反応式（②、⑦）になります。この反応式が電池反応の反応式に発展していくことになります。

●電池反応の反応式

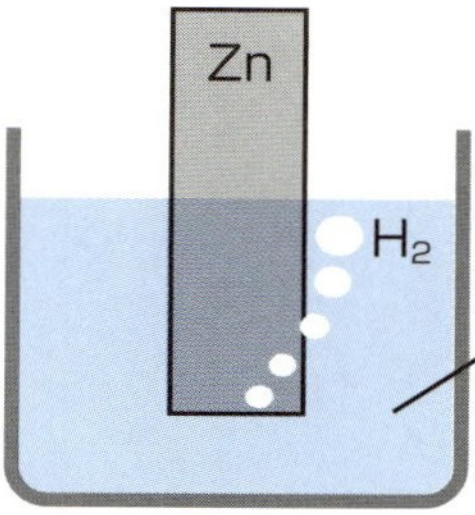

Zn
H2
H2SO4

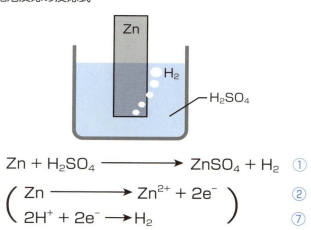

$$Zn + H_2SO_4 \longrightarrow ZnSO_4 + H_2 \quad ①$$

$$\left(\begin{array}{l} Zn \longrightarrow Zn^{2+} + 2e^- \\ 2H^+ + 2e^- \longrightarrow H_2 \end{array} \right) \quad \begin{array}{l} ② \\ ⑦ \end{array}$$

SECTION 03

金属の溶解と析出

前Sectionの反応では金属亜鉛Znが溶解しました。しかし、反応によってはある金属が溶解し、反対にある金属が析出する反応もあります。

亜鉛と硫酸銅の反応

硫酸銅$CuSO_4$の結晶は、結晶水を含んで美しい青色をしています。これを水に溶かすと青く透明な硫酸銅水溶液となります。ここに先ほどの亜鉛板を入れてみましょう。すると、亜鉛板は熱を出しますが、先の場合と違って泡は出ません。その代わ

●硫酸銅

り、灰色の亜鉛板がだんだん赤くなってきます。そして硫酸銅水溶液の青色がだんだん薄くなってきます。これはどういうことでしょうか？　硫酸銅は青いですが、銅Cuは赤い金属です。つまり、亜鉛板が赤くなったのは亜鉛板の表面に赤い金属銅Cuが析出したことを意味します。

一方、硫酸銅水溶液が青いのは銅の2価イオンCu^{2+}の色です。多くの金属イオンは無色ですがCu^{2+}は青い色を持っています。溶液の青色が薄くなったと言うことはCu^{2+}の濃度が薄くなった、つまりCu^{2+}がCuになったことを意味します。

亜鉛と硫酸銅の反応式

この反応を反応式で示すと次のようになります(①)。

つまり、亜鉛Znが硫酸亜鉛$ZnSO_4$になり、硫酸銅$CuSO_4$が銅Cuになったのです。しかしこれだけでは反応の中身がよくわかりません。

●亜鉛と硫酸銅の反応

$$Zn + CuSO_4 \longrightarrow ZnSO_4 + Cu \qquad ①$$

前Sectionと同じように、この反応の途中経過を見てみましょう。

❶ ZnとCu^{2+}の変化

$CuSO_4$は先の$ZnSO_4$が水に溶けてイオンになったのと同じように、水に溶けてCu^{2+}と硫酸イオン$SO_4{}^{2-}$になります(②)。

このように$SO_4{}^{2-}$イオンが存在する水中ではZnは溶けてZn^{2+}イオンになります(③)。

これで、この水中には3種のイオンCu^{2+}＋$SO_4{}^{2-}$、Zn^{2+}と電子e^-が存在することになります。

ところが、亜鉛板の表面には金属銅Cuが析出しました。ということは銅イオンCu^{2+}が電子と反応してCuになったことを意味します(④)。

●ZnとCu^{2+}の変化

$$CuSO_4 \rightarrow Cu^{2+} + SO_4{}^{2-} \quad ②$$

$$Zn \rightarrow Zn^{2+} + 2e^- \quad ③$$

$$Cu^{2+} + 2e^- \rightarrow Cu \quad ④$$

❷ 電子の移動

一連の反応を、電子を中心にして見ると次のようになります（⑤、⑥）。

つまりZnは溶けることによってe^-を放出し、Cu^{2+}はその電子を受け取ってCuになったのです。

●一連の反応の変化

$$Zn \rightarrow Zn^{2+} + 2e^- \quad ⑤$$

$$Cu^{2+} + 2e^- \rightarrow Cu \quad ⑥$$

●亜鉛と硫酸銅の反応式

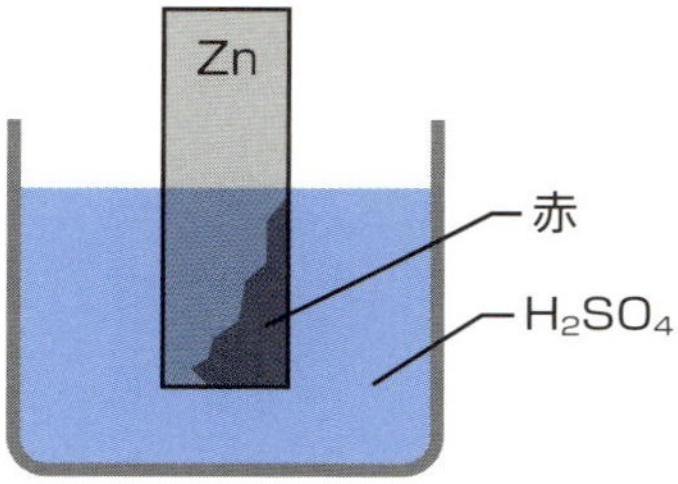
Zn
赤
H2SO4

$$Zn + CuSO_4 \longrightarrow ZnSO_4 + Cu \quad ①$$

$$\left(\begin{array}{ll} Zn \longrightarrow Zn^{2+} + 2e^- & ③ \\ Cu^{2+} + 2e^- \longrightarrow Cu & ④ \end{array} \right)$$

SECTION 04

イオン化傾向

金属は溶けてイオンになりますが、イオンになりやすい金属となりにくい金属があります。

イオン化傾向

前Sectionの反応式③、④を見比べると、Znは電子を出してイオンになっているのに対してCu^{2+}は電子を受け取ってCuになっています。

このことは、亜鉛Znと銅Cuを比べるとZnの方がイオンになりやすい事を示すものです。これを「ZnはCuよりイオン化傾向」が大きいと表現します。

銀Agと硫酸銅の反応

前Sectionの反応では、硫酸銅水溶液に亜鉛板Znを入れました。今度はZnでなく、銀板Agを入れてみましょう。ところが、この場合には何の変化も起きません。銀板は赤くなりませんし、溶液の青も薄くなりません。

これはAgはCuよりイオン化しにくいか、あるいは少なくとも同じ程度にイオン化しにくいことを表します。つまり銀のイオン化傾向は銅と同じ程度か、あるいは銅より小さいと言うことになります。

イオン化列

このような反応を各種の金属で行うと、金属のイオンになるなりやすさの順序を知ることができます。この順序をイオン化列と言います。それは下図のものです。

●イオン化列

K>Ca>Na>Mg>Al>Zn>Fe>Ni>Sn>Pb>H>Cu>Hg>Ag>Pt>Au

イオン化しやすい ⟷ イオン化しにくい

不等号の開いている方がイオン化しやすいことを表します。水素Hは金属ではありませんが、基準として入れてあります。この順序は絶対的なものではなく、イオンの濃度によって若干変化しますが、電池反応を考える時には大変に便利なものです。

SECTION 05

酸化・還元

化学において酸化・還元の反応および考えは非常に大切です。電池も実は酸化・還元反応によって起電しているのであり、電池反応は本質的に酸化・還元反応です。

電子授受と酸化・還元

酸化・還元と言うと思い出すのは酸素との反応です。「酸素と反応（結合）すると酸化された」のであり、「酸素を放出する（奪われる）と還元された」と言う定義です。しかし、酸化・還元の本質的な定義は、電子による定義です。それは、「酸化される」とは電子を放出することであり、「還元される」とは電子を受け取ることというものです。

●酸化・還元

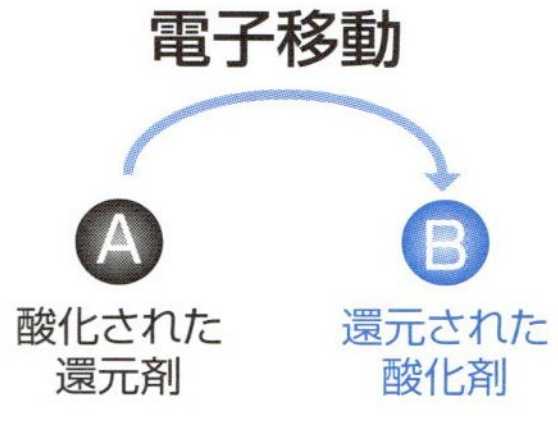
電子移動
A
B
酸化された
還元剤
還元された
酸化剤

例えば、原子Aから原子Bに電子が移動した場合、Aは酸化され、同時にBは還元されていることになります。そして、この時のAは相手のBを還元しているので還元剤、反対にBは相手のAを酸化しているので酸化剤として働いていることになります。

酸素との反応も、例えば原子Aが酸素と反応してAOになると、酸素は電子を奪う性質が大変に強いのでAから電子を奪ってO^{2-}となります。反対に電子を奪われたAはA^{2+}となって電子を放出したことになるのでAは酸化されたことになります。

一方AOが酸素を放出してAになると、AはAOの状態のA^{2+}から中性のAになったのですから、電子を受け取ったことになり、還元されたことになります。つまり、酸素の授受も電子の授受と同じに考えることができるのです。

金属の溶解・析出と酸化・還元

亜鉛の溶解を考えると、ZnはZn^{2+}となって電子を2個失っていますから、Znは酸化されたことになります。一方、H^+は電子を受け取ってHからH_2になっていますから還元されたことになります。

亜鉛と硫酸銅の反応では、Znは電子を失っているので酸化されたことになり、Cu^{2+}は電子を受け取っているので還元されたことになります。

そして、この反応ではZnはCu^{2+}を還元しているので還元剤、Cu^{2+}はZnを酸化しているので酸化剤と言うことになります。このように、一つの反応の中では、必ず酸化と還元が同時に起こっていると言うことに注意してください。

●亜鉛の溶解の反応

$Zn \rightarrow Zn^{2+} + 2e^-$	Znは酸化された
$2H^+ + 2e^- \rightarrow H_2$	H　は還元された

●亜鉛と硫酸銅の反応

$Zn \rightarrow Zn^{2+} + 2e^-$	Znは酸化された
$Cu^{2+} + 2e^- \rightarrow Cu$	Cuは還元された

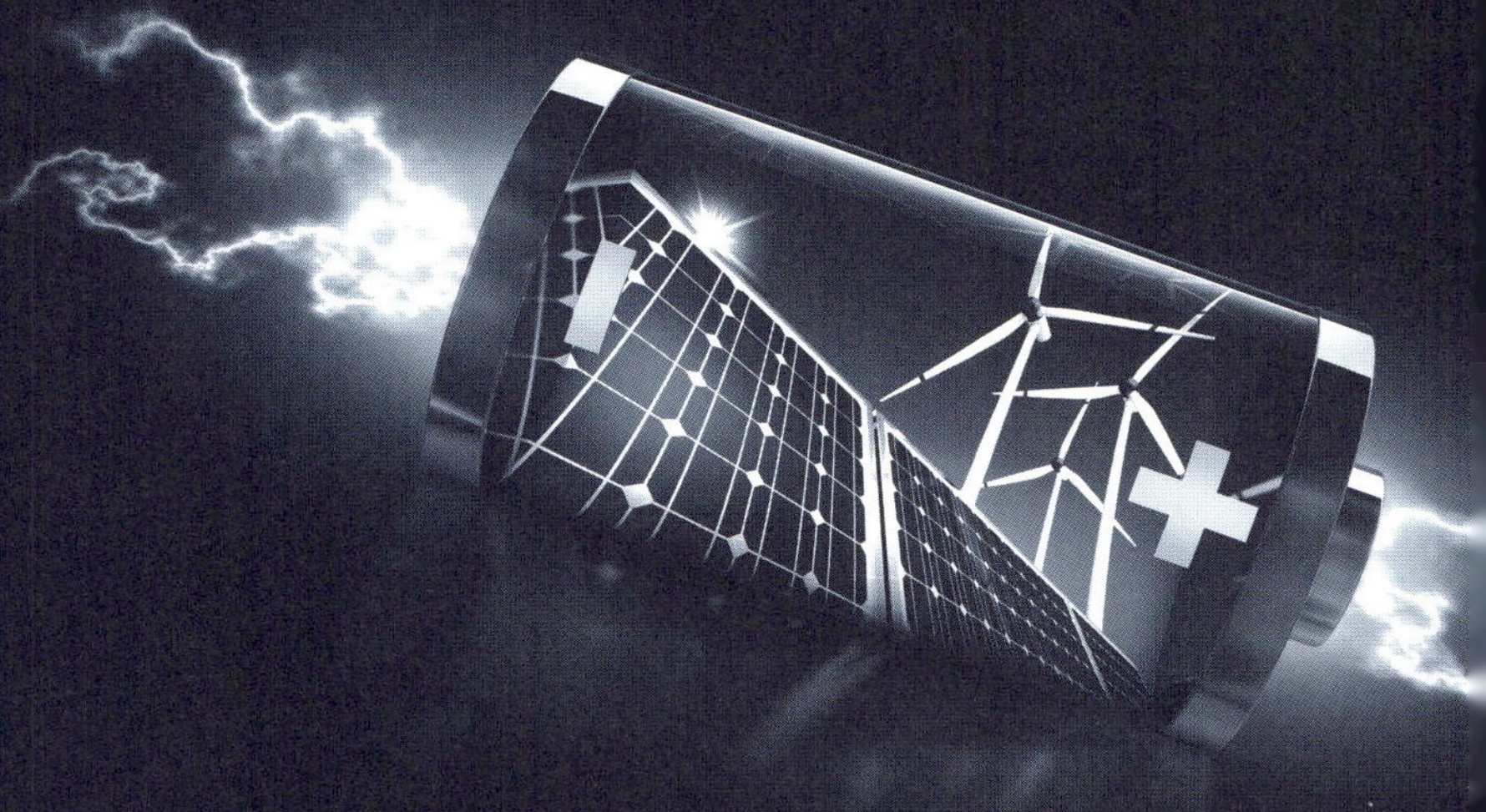

Chapter. 2 化学電池の実際

SECTION 06

電気とは

化学反応によって起電する電池を一般に化学電池と言います。私たちが日常的に使う電池は太陽電池以外は、乾電池、ニッカド電池、リチウム電池、鉛蓄電池、さらにはニュースに登場する水素燃料電池まで全て化学電池ばかりです。主な化学電池の構造と、どのようにして電気を起こしているのかを見てみましょう。

電流とは

電池を見る前に、電流とは何かを見ておきましょう。電流は電子の流れです。電子がA地点からB地点に移動したとき、電流は、この逆にBからAに移動したことにすると定義されています。

❶電子と原子

電子は極小の微粒子であり、1個が−1単位の電荷を持っています。電子は原子を構成する粒子です。原子は球形の粒子であり、中央に密度の大きい原子核があります。そして、その周囲に何個かの電子があります。

その個数は原子の種類によって違いますが、リチウム電池のリチウムのように小さい原子なら3個、水銀や鉛のように大きい原子では80個以上になります。先に見た銅は29個、亜鉛は30個であり、マンガン電池のマンガンは25個、鉄は26個です。

●電子と原子

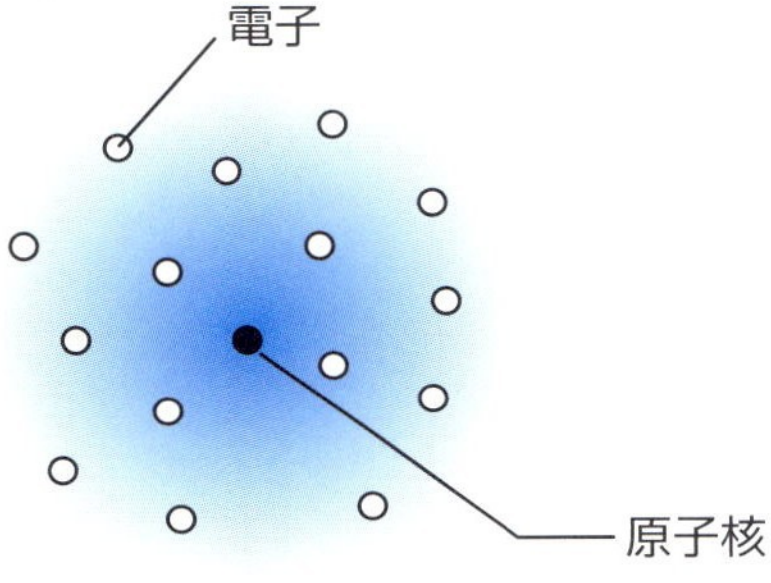
電子
原子核

❷イオン

例えば、亜鉛の電子数は30個ですから、電子全体の電荷は−30単位となります。しかし、亜鉛の原子核は＋30単位の電荷を持っています。そのため、亜鉛原子は全体として電気的に中性となります。全ての原子は同様にして電気的に中性となっています。

いま、原子Aから電子が1個抜けたとしましょう。すると、Aの陰電荷が1だけ少なくなり、その分だけ原子核の陽電荷が余ります。この結果、Aは＋に荷電します。このような状態をA^{+}で表し、陽イオンといいます。反対にAに外部から電子が加わるとAは－に荷電します。このような状態をA^{-}で表し、陰イオンといいます。

伝導度

金属原子は互いに結合して固体の金属となります。金属原子の結合を金属結合と言います。金属原子は金属結合をする時に、何個かの電子(n個としましょう)を放出して金属陽イオンM^{n+}となります。放出された電子を自由電子と言いますが、自由電子は金属陽イオンの周りを自由に動き回ります。

●金属結合

$$M \rightarrow M^{n+} + ne^{-}$$

金属原子　金属イオン　自由電子

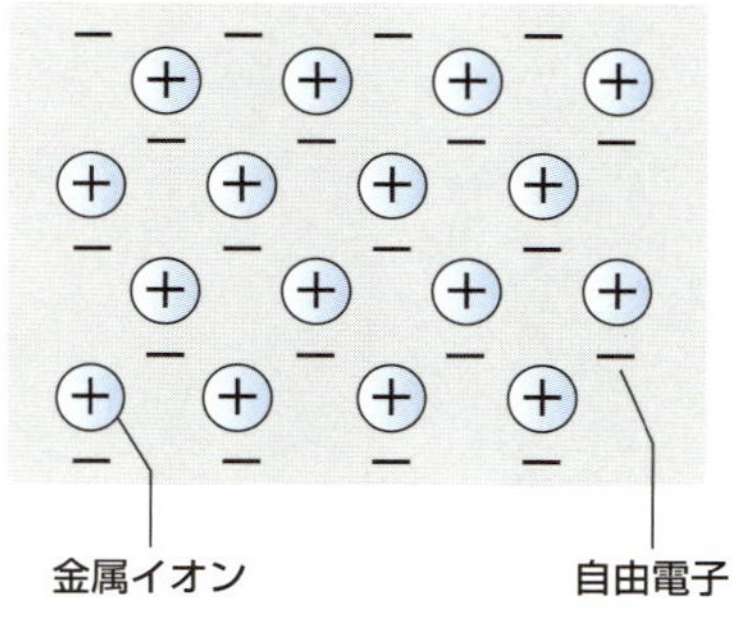
金属イオン
自由電子

この結果、金属イオンと自由電子の間に静電引力が発生し、金属イオン同士は自由電子を糊のようにして結合します。これが金属結合です。

❶良導体、半導体、絶縁体

このような金属に電圧という力が加わると、自由電子は一定方向に流れ出します。つまり電流が発生します。この自由電子が流れやすいか流れにくいかを表した指標が伝導度になります。金属のように伝導度の大きいものを良導体、ガラスのように悪いものを絶縁体、その中間を半導体と言います。

❷超伝導状態

自由電子は金属イオンの周囲をすり抜けるようにして移動するので、金属イオンが騒いで邪魔をすると通り

●伝導度

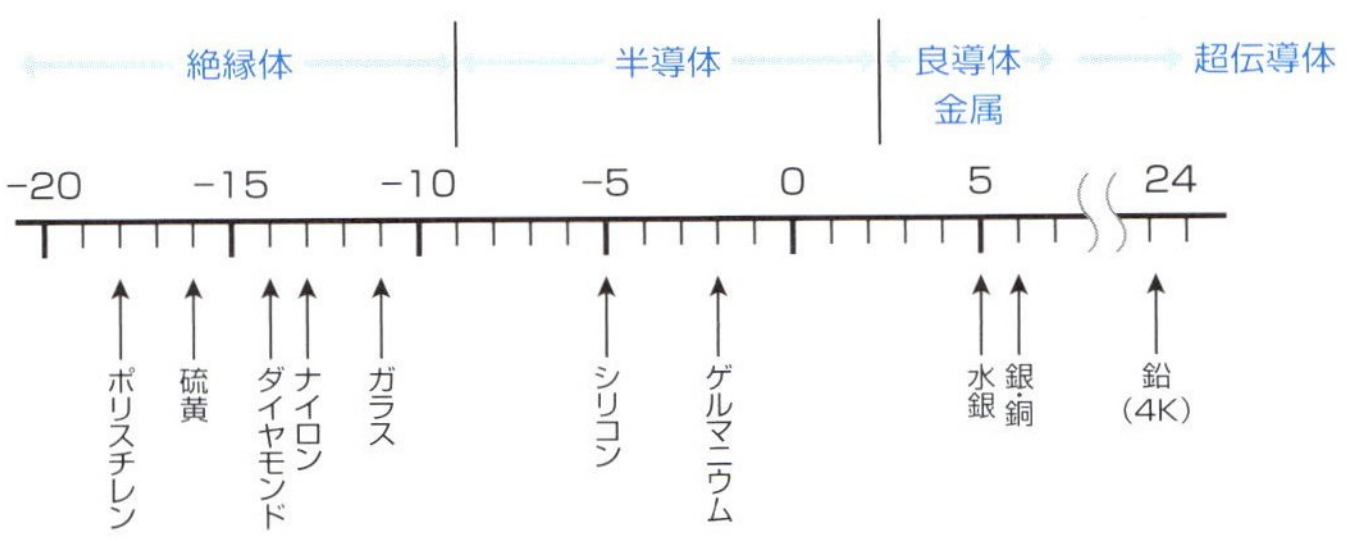
絶縁体
半導体
良導体
金属
超伝導体
-20
-15
-10
-5
0
5
24
ポリスチレン
硫黄
ダイヤモンド
ナイロン
ガラス
シリコン
ゲルマニウム
水銀
銀・銅
鉛（4K）

難くなり、伝導度が下がります。金属イオンが騒ぐのは熱による振動です。そのため、低温になって振動が小さくなると金属の伝導度は上がります。そして、臨界温度と言われる温度に達すると突如伝導度は無限大に跳ね上がります。この状態を超伝導状態と言います。

●自由電子の移動

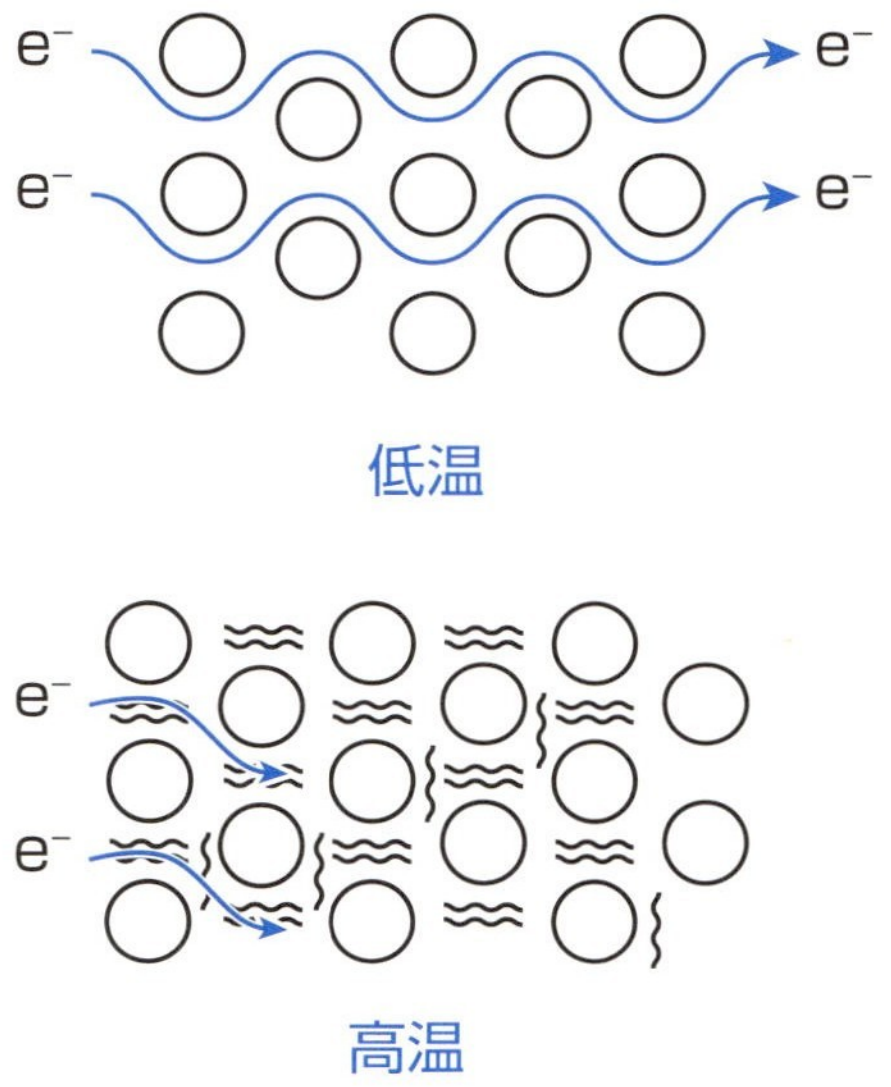

e⁻
e⁻
e⁻
e⁻
低温
e⁻
e⁻
高温

●超伝導状態

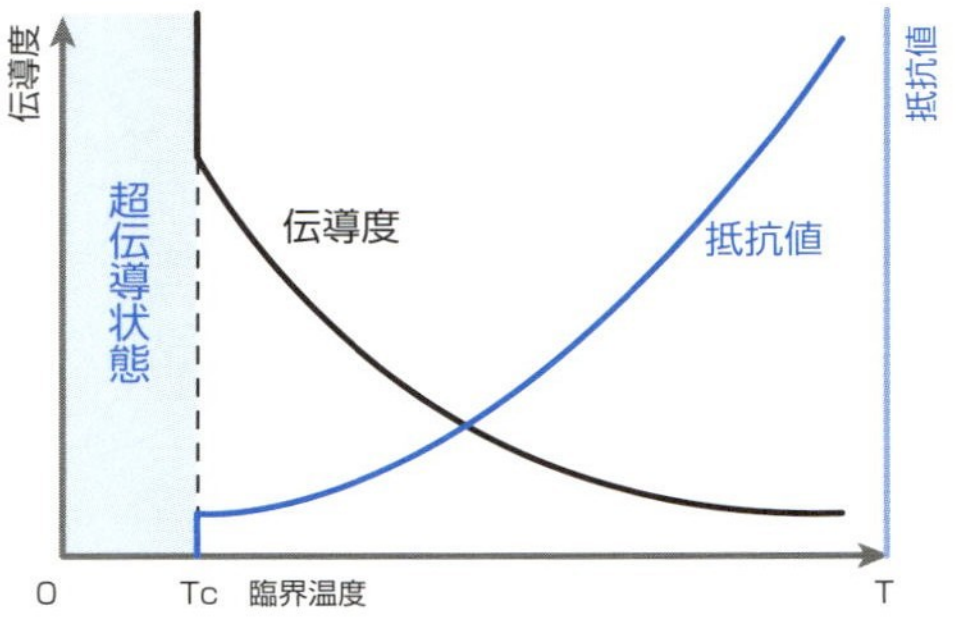

伝導度
抵抗値
超伝導状態
伝導度
抵抗値
0
Tc
臨界温度
T

SECTION 07

ボルタ電池

化学電池は何種類もありますが、その中で最も単純で原初的なものがイタリアの科学者ボルタが１８００年に発明したボルタ電池です。

構造

ボルタ電池の構造は簡単明瞭です。ガラス製の容器に希硫酸を入れ、そこに電極となる亜鉛板Zn（負極）と銅板Cu（陽極）を挿入しただけです。両電極を適当な導線で結び、途中にスイッチを設置すれば完成です。スイッチオンで導線を結べば電池が働いて電流が流れ、オフにして導線を切れば電流は停止し、電池の起電作用も終了します。

起電機構

ボルタ電池の起電機構は前項で見た亜鉛の溶解と同じです。つまり、亜鉛Znが溶けて亜鉛イオンZn^{2+}と電子e^-になります(①)。

しかし、銅Cuのイオン化傾向は水素Hより小さいです。したがって、硫酸から発生したH^+がイオンで居るかぎり、Cuが変化することはありません。

問題は電子Znから発生したe^-の挙動です。水中に移動することも可能ですが水の伝導度は高くありません。したがってH^+に移動してH^+をH_2にして水素ガスの泡を作ります。

ここでスイッチオンとします。するとZnに溜まっていたe^-は導線を通ってCu板に移動します。そして、ここで水素イオンH^+に移動してH^+を水素分子H_2に変換します(②)。

●ボルタ電池の起電機構

$$Zn \longrightarrow Zn^{2+} + 2e^- \quad ①$$

$$2H^+ + 2e^- \longrightarrow H_2 \quad ②$$

つまり、亜鉛板Zn上で電子e^-が発生し、それが導線を通って銅板Cuに移動し、H^-に渡ってH^+を水素ガスH_2が発生したのです。電子は亜鉛板から銅板に移動しています。つまり銅板から亜鉛板に向かって電流が流れたのです。この時、電子が発生したZn板を負極、電子を受け取ったCu板を正極と言います。

図に書いた反応式③は、この電池における負極、正極、電解液と起電力(1.1V)をまとめて示したもので、一般に電池式と言われます。つまりこんな簡単な装置ですが、間違いなく電子は移動し、電流が流れたので

●ボルタ電池

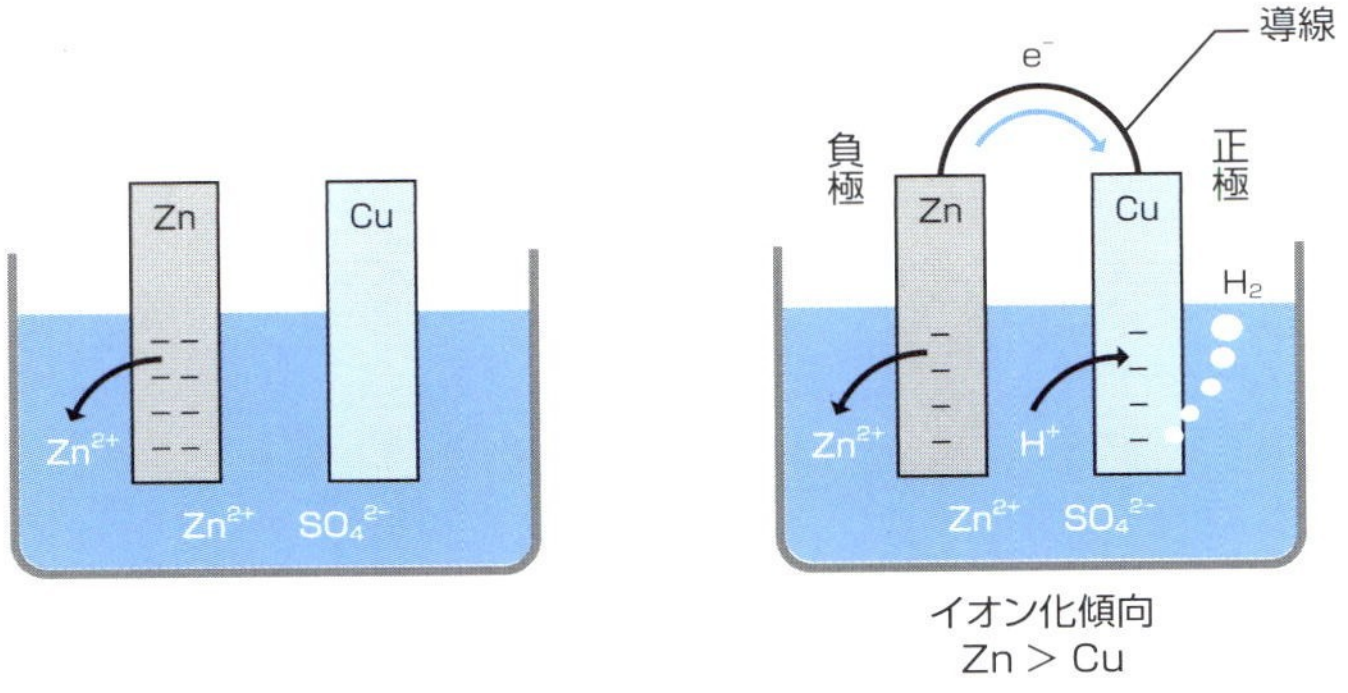
Zn
Cu
Zn2+
Zn2+ SO42-
導線
e-
負極
正極
Zn
Cu
H2
Zn2+
H+
Zn2+ SO42-
イオン化傾向
Zn > Cu

負極 $Zn \longrightarrow Zn^{2+} + 2e^-$ ①

正極 $2H^+ + 2e^- \longrightarrow H_2$ ②

$(-)Zn \mid H_2SO_4 \mid Cu(+)$ 1.1V ③

す。導線の途中に豆電球とか、小型モーターなどを接続すれば、短時間ではあるでしょうが、点灯、回転をするはずです。

果物電池

ボルタ電池の構成物質は、イオン化傾向が水素より大きい元素（Zn）と小さい元素（Cu）、それと電子が移動できる溶液（電解液、希硫酸）それだけです。つまりアルミニウム箔（イオン化傾向大）と銅板（小）をレモン（電界液）に挿せば果物電池（ボルタ電池）が完成することを意味します。

第1章で見たバビロニア電池が現代に蘇ったといえるのがボルタ電池なのです。

●果物電池の例

SECTION 08

ボルタ電池の改良

ボルタ電池は電気を起こす、つまり電流を流すことには成功しましたが、電流は直ぐに止まってしまい、実用になる物ではありませんでした。これを改良して実用的な電池にしたのがダニエル電池とルクランシェ電池です。

ボルタ電池の問題点

ボルタ電池は人類初の電池ですから、いろいろ問題があるのは当然ですが、それにしても致命的な欠点がありました。それは起電力がすぐに無くなるということでした。ようするに、豆電球が数秒しか灯らないのです。これでは実用的な電池とは言えません。

調査した結果、この問題の原因は正極のCu板上に発生する水素ガスH_2にあることがわかりました。このH_2が次の式に示すように電離し、電子e^-を発生していたのです。この現象を一般に分極と言います(①)。

正極であるCu板は負極のZn板から来たe^-を受け取る役目をしています。そのCu板上でe^-が発生していたのでは、負極から来たe^-を受け取る能力が落ち、電池全体の動作に支障をきたすのは当然です。

ダニエル電池

イギリスの科学者ダニエルは1836年にボルタ電池の改良版ともいえる電池を発明しました。これは発明者の名前をとってダニエル電池と呼ばれます。

ダニエルが考えた新たな電池の構造は次の図のような物でした。違いは次の3点です。

- 容器を素焼き板で二室に分ける
- 負極Zn板を入れる部屋の溶液は硫酸亜鉛$ZnSO_4$水溶液、陽極Cu板

●分極

$$H_2 \rightarrow 2H^+ + 2e^- \quad ①$$

を入れる部屋の溶液は硫酸銅$CuSO_4$水溶液とする
・両部屋を塩橋で結ぶ

❶ダニエル電池の起電機構

負極の働きはボルタ電池と変わりません。ZnがZn^{2+}になるだけです(②)。

しかし、正極は違います。ボルタ電池と違ってここにはH^+がありません。あるのは銅イオンCu^{2+}です。したがって正極での反応は次のようになります(③)。

つまり、ボルタ電池と違って正極でH^+が発生せず、したがってe^-も発生しないのです。

❷塩橋の働き

それでは二つの部屋の間に置いた塩橋は何の役に立っているのでしょうか。塩橋の塩は、酸と塩基の中和反応で発生

●ダニエル電池の起電機構

負極　$Zn \rightarrow Zn^{2+} + 2e^-$　②

正極　$Cu^{2+} + 2e^- \rightarrow Cu$　③

する塩の事を言います。つまり、塩橋は塩化カリウムKCl水溶液で作った寒天などを詰めた円筒形の橋なのです。この橋は、両部屋の溶液が混じるのを防ぎますが、イオンの流通は自由です。

ダニエル電池において反応が進行すると、負極側ではZn^{2+}は増えますが、SO_4^{2-}はそのままです。陽イオン過剰です。一方、正極側ではCu^{2+}は減少しますが、SO_4^{2-}はそのままです。つまり陰イオン過剰です。これではバランスを失して反応はやがて行き詰まり、ボルタ電池と同じように起電力を失ってしまいます。

この時に威力を発揮するのが塩橋です。すなわち、塩橋を通ってSO_4^{2-}が正極側か

●ダニエル電池

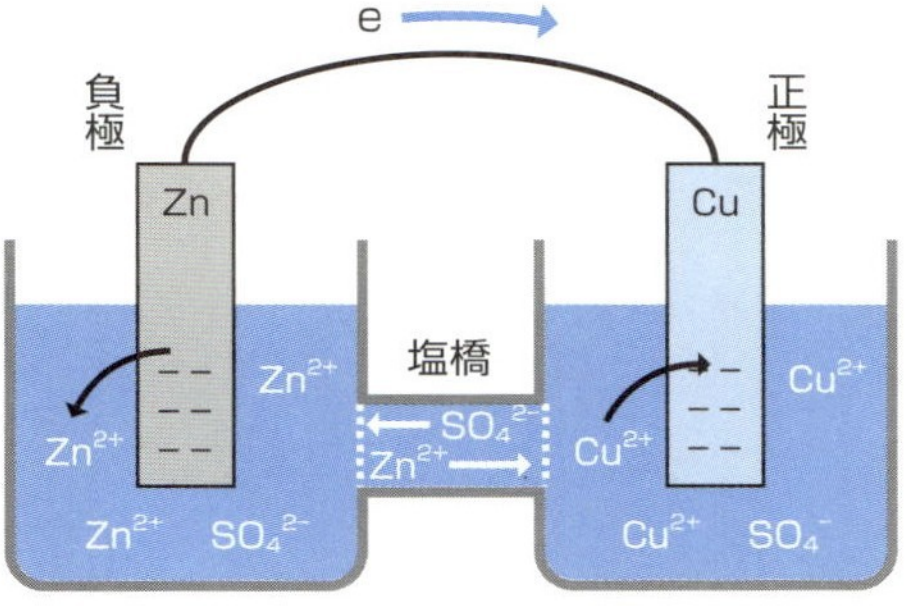

e
負極
正極
Zn
Cu
塩橋
Zn2+
Zn2+
Zn2+
SO4 2-
SO4 2-
Zn2+
Cu2+
Cu2+
Cu2+
SO4-

負極

$Zn \longrightarrow Zn^{2+} + 2e^-$

正極

$Cu^{2+} + 2e^- \longrightarrow Cu$

ら負極側に移動し、同時にZn^{2+}が負極側から正極側に移動して両部屋の陰陽イオンのバランスを保つのです。両部屋を塩橋で繋ぐ方法の他に、両部屋を素焼き板で分ける方法もありますが、役割は同じです。

ルクランシェ電池

1866年、フランスの科学者ルクランシェは亜鉛と二酸化マンガンを用いた電池を発明しました。この電池は発明者の名前をとってルクランシェ電池と呼ばれます。

❶ルクランシェ電池の構造

この電池の構造上の特徴は正極にあります。すなわち、二酸化マンガンMnO_2を多孔質の材料で作った容器に入れ、中に電荷を集める集電棒として炭素棒を挿入した物を正極とするのです。負極としては通常の亜鉛Zn棒を用います。この両電極を、電解質として塩化アンモニアNH_4Cl水溶液を満たした容器に入れたのがルクランシェ電池だったのです。

❷ルクランシェ電池の起電機構

負極ではボルタ電池やダニエル電池と同じように、亜鉛Znが溶解して亜鉛イオンZn^{2+}が電解液に拡散し、亜鉛電極には電子が蓄積されます(②)。

電子は導線を通って正極の炭素棒に移動し、そこから拡散して二酸化マンガンに伝わります。二酸化マンガンのマンガンMnは4価の陽イオンMn^{4+}状態ですが、これが電子を受け取って還元され、3価のMn^{3+}となります(④)。

この反応では水素ガスが発生せず、したがって分極も起こりません。

ルクランシェ電池の特徴

当時の電池を使った電話は、長時間の連続使用をすると次第に相手の声が小さくなって聞き取りにくくなる傾向があ

●ルクランシェ電池の起電機構

$$Zn \rightarrow Zn^{2+} + 2e^{-} \quad ②$$

$$Mn^{4+} + e^{-} \rightarrow Mn^{3+} \quad ④$$

りました。それは電池の分極作用によるものでした。しかし、ルクランシェ電池は1・4〜1・6Vの安定した電圧を発生し、長時間にわたって電流を供給することができたことから、当時の電信や電話に使用されるようになりました。最終的には20世紀中ごろまで使い続けられました。

●ルクランシェ電池

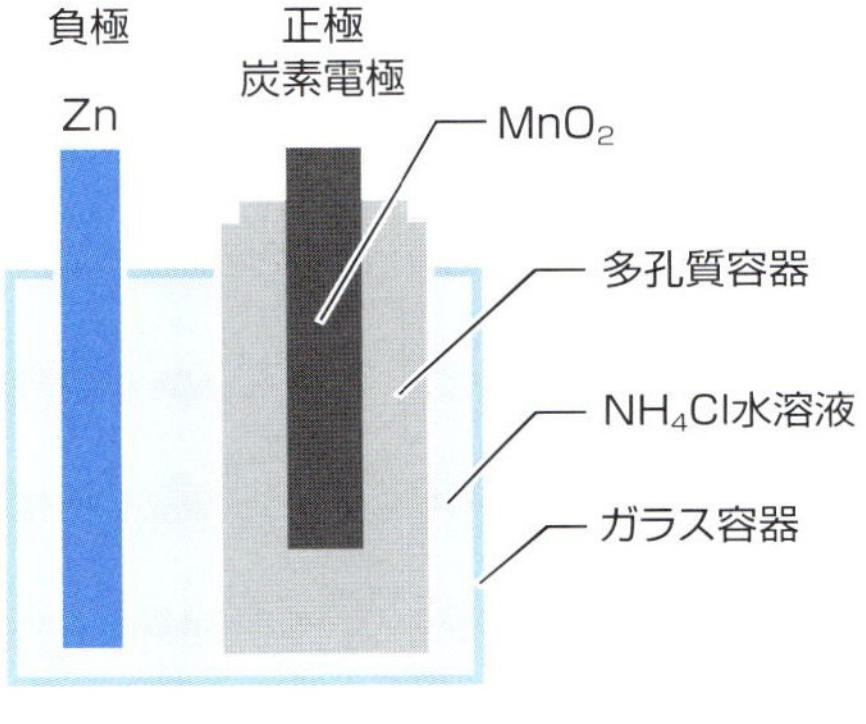
負極
Zn
正極
炭素電極
MnO_2
多孔質容器
NH_4Cl水溶液
ガラス容器

負極　$Zn \longrightarrow Zn^{2+} + 2e^-$

正極　$Mn^{4+} + e^- \longrightarrow Mn^{3+}$

SECTION 09

マンガン乾電池

ここまでに見た電池は全てガラス容器に液体を入れた物からできていました。傾ければ液体がこぼれて電池は作動しなくなります。寒冷地では液体が凍って作動が不十分になります。どれほど不便だったことでしょうか。

現在、一般家庭で最も幅広く用いられているのは乾電池でしょう。液体部分は無く、傾けようが逆さまにしようが動いてくれます。大きさも単一から単五まで各種揃っており、懐中電灯から置時計までいろいろな物に使われています。乾電池とはどのようなものなのでしょう?

マンガン乾電池

現在、家庭で使われる乾電池には二種類あります。マンガン乾電池とアルカリマンガン乾電池(単にアルカリ電池と呼ばれることもある)です。基本形はマンガン乾電池ですので、それから見ていくことにしましょう。

❶マンガン乾電池の構造

マンガン乾電池の構造は次の図のような物です。負極となる亜鉛製の容器(缶)の中に正極となる二酸化マンガンMnO_2の粉末と電解質となる塩化アンモニウムNH_4Clなどを少量の水で練った物(正極合剤)が入っています。正極となる炭素棒は化学反応に関係する物ではなく、二酸化マンガン粉末に起こった電気を集める物で、一般に集電棒と言われます。

●マンガン乾電池

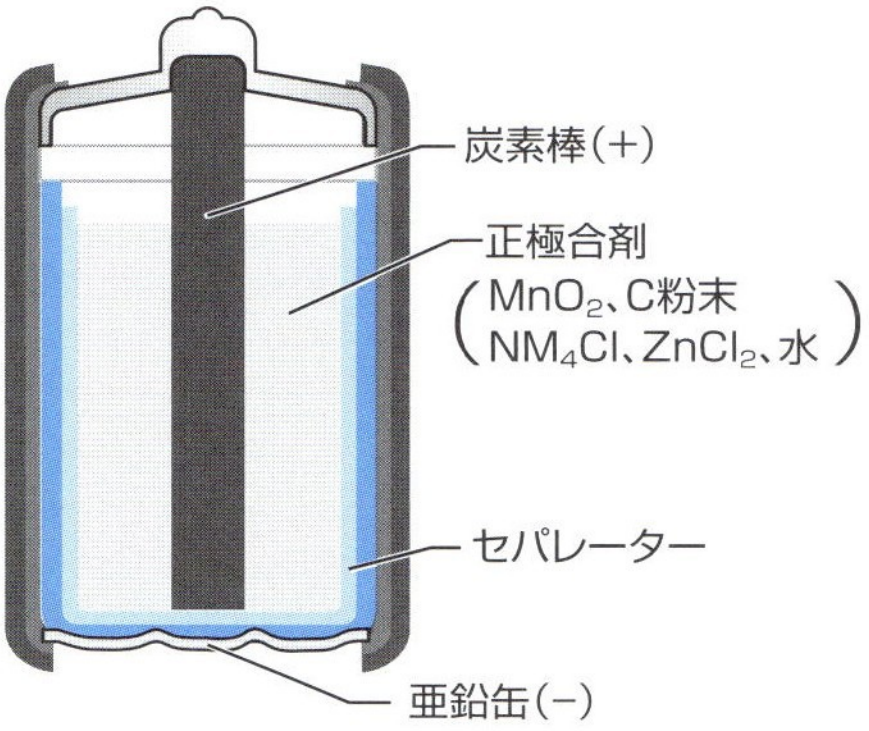
炭素棒(+)
正極合剤
(MnO2、C粉末
NM4Cl、ZnCl2、水)
セパレーター
亜鉛缶(−)

負極　$Zn \longrightarrow Zn^{2+} + 2e^-$

正極　$Mn^{4+} + e^- \longrightarrow Mn^{3+}$

❷マンガン乾電池の起電機構

構造を見れば明らかな通り、マンガン乾電池は前項で見たルクランシェ電池と瓜二つなのです。ようするに、ルクランシェ電池の液体部分の水分量を少なくしただけなのです。たったこれだけの事なのですが、その使い勝手は雲泥の差です。改良がいかに大切かを教えてくれる事例と言って良いでしょう。

起電機構はルクランシェ電池そのものです。つまり、亜鉛が電子を出して溶けだし、その電子を二酸化マンガンが受け取ります。受け取った電子を炭素棒が集めると言うものです。

二酸化マンガンのマンガンMnは4価のイオン状態Mn^{4+}ですが、1個の電子を受け取って3価のイオンMn^{3+}となります。

アルカリマンガン乾電池

アルカリマンガン電池の「アルカリ」は、電解質としてアルカリ性(塩基性)の水酸化カリウムKOH水溶液が用いられているからです。

アルカリマンガン電池の起電力はマンガン電池と同じ1・5Vですが、マンガン電池より大きな電流を取り出すことができ、かつ電圧も長期にわたって安定していると言う利点があります。

アルカリマンガン電池の構造は次の図のような物です。マンガン電池との違いは、正極も負極も合剤となっていることです。そして集電棒となっている炭素棒は負極となっています。

起電の機構はマンガン電池と全く同じです。

●アルカリマンガン乾電池

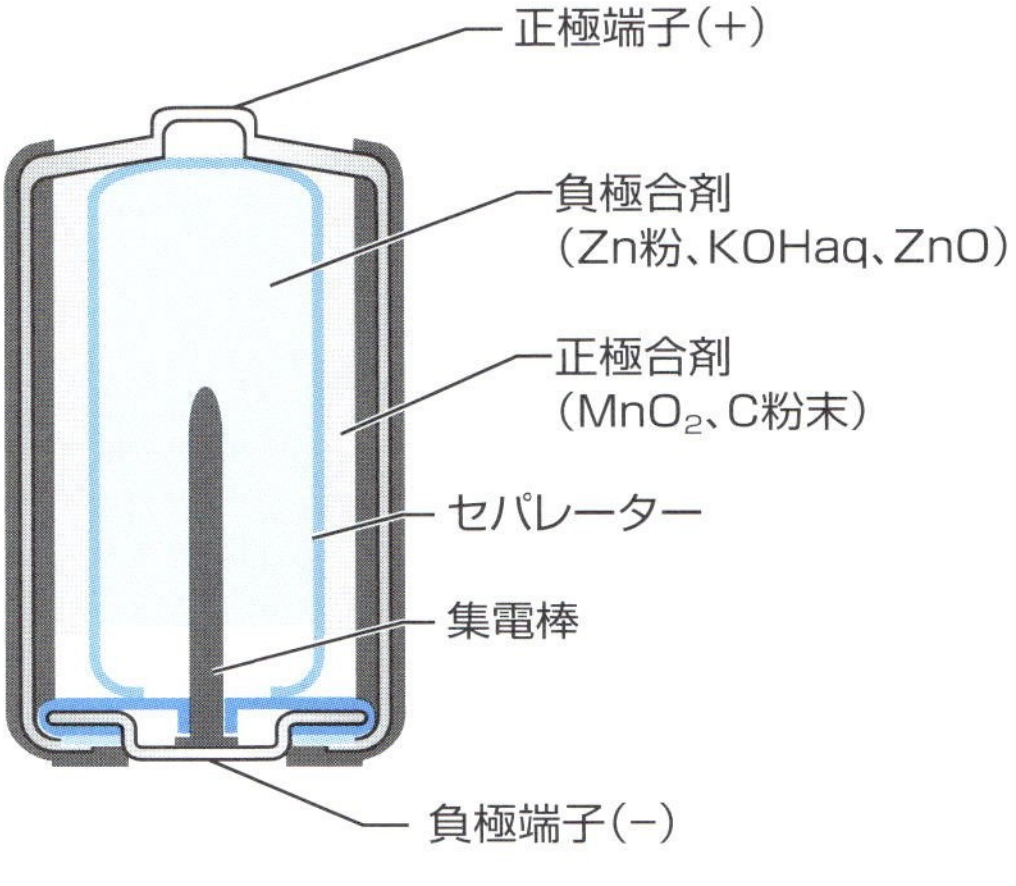
正極端子(+)
負極合剤
(Zn粉、KOHaq、ZnO)
正極合剤
(MnO2、C粉末)
セパレーター
集電棒
負極端子(−)

日本人の乾電池

一般に乾電池はドイツのガスナーとデンマークのヘレセンスが１８８８年に発明したとされています。しかし、実はそれ以前の１８８５年に日本人の屋井先蔵（やいさきぞう）と言う人が発明しているのです。

貧しかった屋井は特許を取ることができませんでしたが、乾電池を市販しました。それが日清戦争（１８９４〜１８９５）で軍部に使われて好評だったことから、事業が成功し、乾電池王と言われるまでになったと言うことです。

●屋井先蔵

SECTION 10

その他の乾電池

私たちの生活に乾電池は欠かせません。しかし、私たちが用いる電気器具は小型精密化の一途をたどっています。

このような時代に合わせて登場したのがいわゆるボタン型電池です。ボタン型電池は乾電池の一種です。現在、その種類はたくさんあります。

主なものを表にまとめました。このうち、よく使うもの数種についてその構造、起電原理などを見てみましょう。

●主なボタン型電池の種類

名前	負極	正極	電解液	公称電圧（ボルト）
フッ化黒鉛リチウム電池	リチウム	フッ化黒鉛	非水系有機電解液	3.0
二酸化マンガンリチウム電池	リチウム	二酸化マンガン	非水系有機電解液	3.0
酸化銅リチウム電池	リチウム	酸化銅（Ⅱ）	非水系有機電解液	1.5
アルカリ電池	亜鉛	二酸化マンガン	アルカリ水溶液	1.5
水銀電池	亜鉛	酸化水銀（Ⅱ）	酸化亜鉛の水酸化カリウム溶液	1.35
空気亜鉛電池	亜鉛	酸素	アルカリ水溶液	1.4
酸化銀電池	亜鉛	酸化銀	アルカリ水溶液	1.55

酸化銀電池

最大の特徴は電圧が安定していることで、寿命がくる直前まで、ほぼ最初の電圧を保ちます。そのため、カメラの露出計、クォーツ時計などデリケートな電子機器に多く使われます。

起電機構は次の通りです。すなわち、負極はいつもの通り亜鉛Znであり、これが電離して電子を放出します。

この電子を受け取るのが正極材料の酸化銀AgOなのですが、AgOの銀Agは2価のイオンAg^{2+}状態です。これが電子を受け取って還元され、1価のイオンAg^{+}になります。

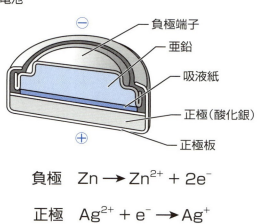

●酸化銀電池

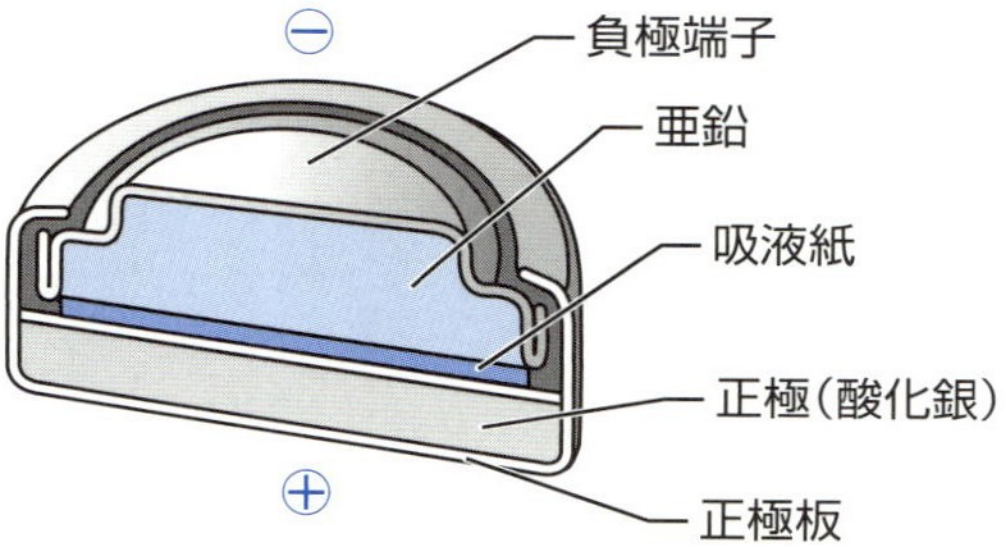

⊖
負極端子
亜鉛
吸液紙
正極(酸化銀)
⊕
正極板

$$負極\quad Zn \rightarrow Zn^{2+} + 2e^{-}$$

$$正極\quad Ag^{2+} + e^{-} \rightarrow Ag^{+}$$

リチウム一次電池

特徴は高い電圧で大きな電流、しかも長持ちするという大変優れた電池です。しかもコイン形、円筒形など小形で各種の形状のものがあります。とくに円筒形のものは、コンピューターやビデオのメモリーバックアップに使われ、コンピューターの重要部分を担っています。また、コイン形は、カメラや電子手帳などに使われます。他にも超小型のピン形は、夜釣り用電気ウキの電源になります。この電池には紙のように薄いペーパー形もあり、メモリーカードやICカードに使用されます。

●リチウム一次電池

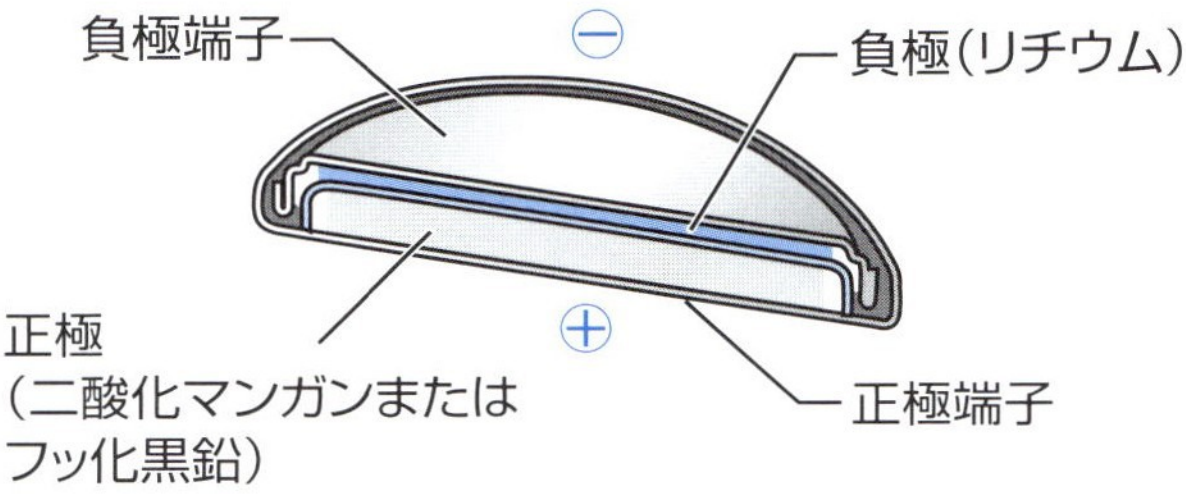
負極端子
⊖
負極(リチウム)
正極
(二酸化マンガンまたは
フッ化黒鉛)
⊕
正極端子

負極　$Li \longrightarrow Li^{+} + e^{-}$

正極　$Mn^{4+} + e^{-} \longrightarrow Mn^{3+}$

その上寿命は長く、5〜10年くらいは交換しないで大丈夫です。構造は図の通りです。

この電池の起電機構上の特徴は負極にリチウムLiが用いられていることです。リチウムは大変に電子を放出しやすい金属であり、負極材料としては最適なものです。まず、リチウムが電離してリチウムイオンLi^{+}と電子になります。

この電子を受け取る正極の材料はマンガン乾電池と同じ二酸化マンガンMnO_2です。すなわち4価のMn^{4+}が電子を受け取って3価のMn^{3+}になります。

●ボタン型電池

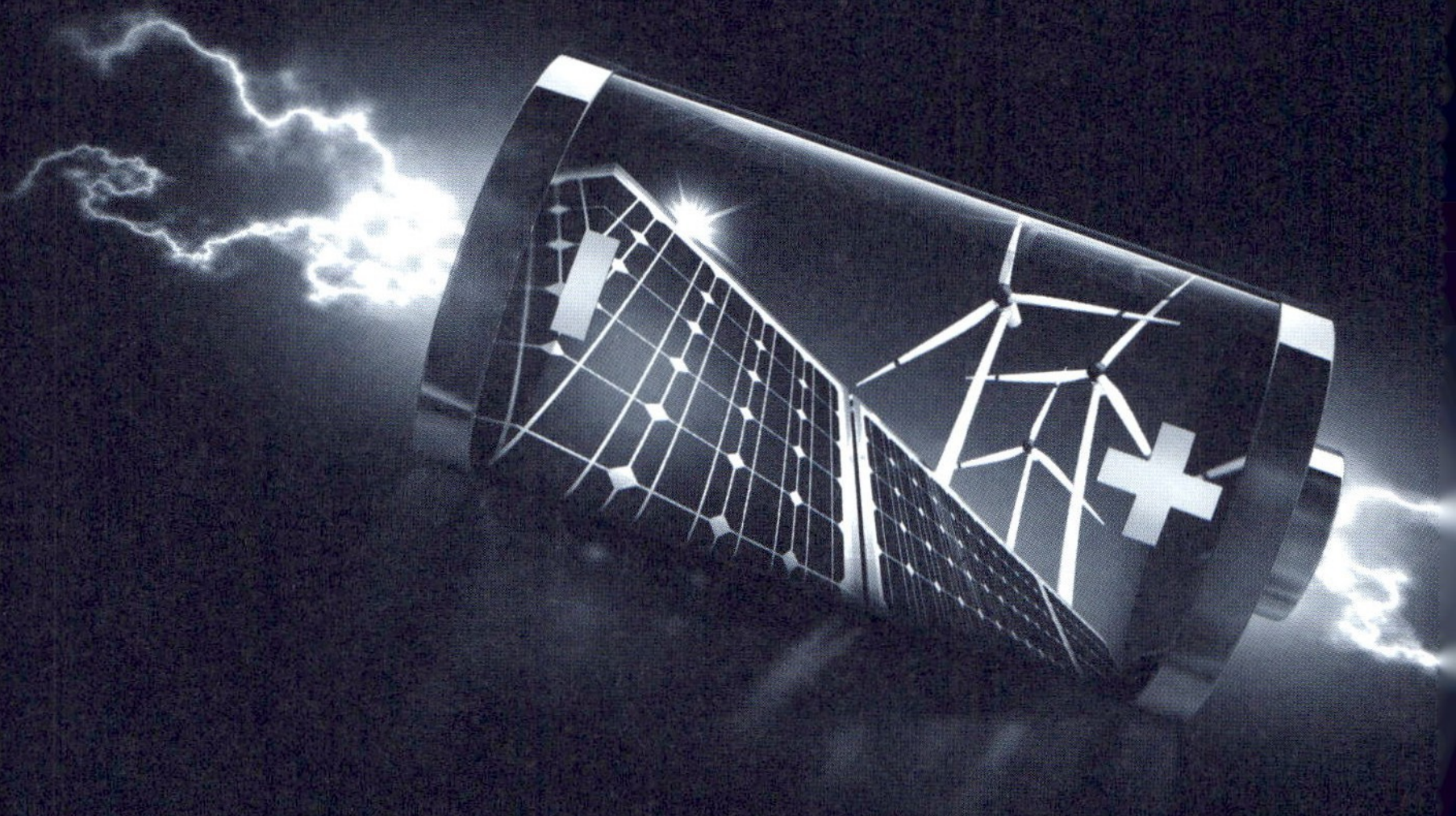

Chapter. 3
燃料電池

SECTION 11

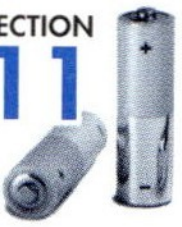

燃料電池とは

燃料電池という言葉は聞いたことが無くとも、水素燃料電池という言葉は聞いたことはあるのではないでしょうか。水素燃料電池という言葉が日本のニュースに登場するようになったのは最近ですが、燃料電池の原理は随分と昔に登場しています。

燃料電池の歴史

燃料電池の原理を最初に考案したのはイギリスのハンフリー・デービーであり、１８０１年ですからボルタ電池が発表された翌年の事です。

現在の燃料電池に通じる燃料電池の原型は１８３９年にイギリスのウィリアム・グローブによって作製されました。この燃料電池は、電極に白金、電解質に希硫酸を用いて、水素と酸素から電力を取り出し、この電力を用いて水の電気分解をすることができたと言いますから、驚くばかりです。水素燃料電池の原型は200年近くも前に完成していたのです。

その後、燃料電池は、熱機関によって動かされる発電機の登場によって、発電システムとしては、しばらく忘れられていました。しかし、1955年、アメリカの科学者トーマス・グルッブによって、高分子膜を利用した現代的発電システムとして蘇えることになりました。それによってアポロ計画などの宇宙船で電力源として使われたほか、現在では燃料電池自動車（FCV）のほか家庭用燃料電池、あるいは携帯電話の充電システムなどにも活用されています。

燃料電池の機構

普通の電池は、電池自身の中に電気エネルギーを作り出すためのエネルギー源となる化学物質、および電気エネルギーを作るためのシステム、装置を完全な形で備えています。そのため、電気器具に電池を繋げば直ちに電気が発生します。そして、エネルギー源となる化学物質が消費され尽くしたら電池の寿命は終わりです。二次電池なら充電して化学物質を再生しなければなりませんし、一次電池ならそのまま廃棄です。

しかし、燃料電池は全く異なります。燃料電池が備えているのは電気を作るための装置だけです。エネルギー源となる化学物質は存在しません。燃料電池に電気を発生させるためには燃料を供給しなければならないのです。その意味では燃料電池は小型携帯型の火力発電所と思った方が良いかもしれません。

燃料電池には燃料とその燃料を燃焼させるための酸化剤を外部から供給しなければなりません。多くの場合、酸化剤には酸素(空気)が用いられます。燃料としては、原理的にはさまざまな物質が利用可能ですが、現在のところ水素・メタノール・ヒドラジンを使うタイプが実用化されています。

燃料電池は充電できませんが、充電の代わりに燃料を追加し続ける限り、いくらでも長い間電気を取り出すことができます。そこで、使い切りの一次電池とは別のものとして分類されることが多くなっています。

燃料電池の種類

燃料電池にはいろいろの種類がありますが、現在のところ実用化されているもの、および研究が進んでいるものとして表に示した４種類があります。

分類は電解質によって行ったものですが、固体高分子形とリン酸形は燃料として水素ガスを用いるもので一般に水素燃料電池と呼ばれるものです。一方、溶融炭酸塩形と固体酸化物形は燃料として水素あるいは一酸化炭素COを用います。一酸化炭素は酸素と反応（燃焼）して二酸化炭素CO_2となり、その際燃焼エネルギーを発生しますから立派な燃料になります。

燃料電池の種類

	固体高分子形（PEFC）	リン酸形（PAFC）	溶融炭酸塩形（MCFC）	固体酸化物形（SOFC）
燃料	水素	水素	水素・一酸化炭素	水素・一酸化炭素
電解質	イオン交換膜	リン酸	溶融炭酸塩	ジルコニア系セラミックス
動作温度	常温〜90℃	150〜200℃	650〜700℃	750〜1000℃

SECTION 12

水素燃料電池

燃料として水素ガスを用いる燃料電池を水素燃料電池と言います。近い将来に主流となると考えられる電気自動車のエネルギー源として期待されているものです。

水素燃料電池の構造

水素燃料電池は水素が酸素と反応して水になる、つまり燃焼するときの反応エネルギー(反応熱)を電気エネルギーとして取り出す装置です。

●水素燃料電池の構造

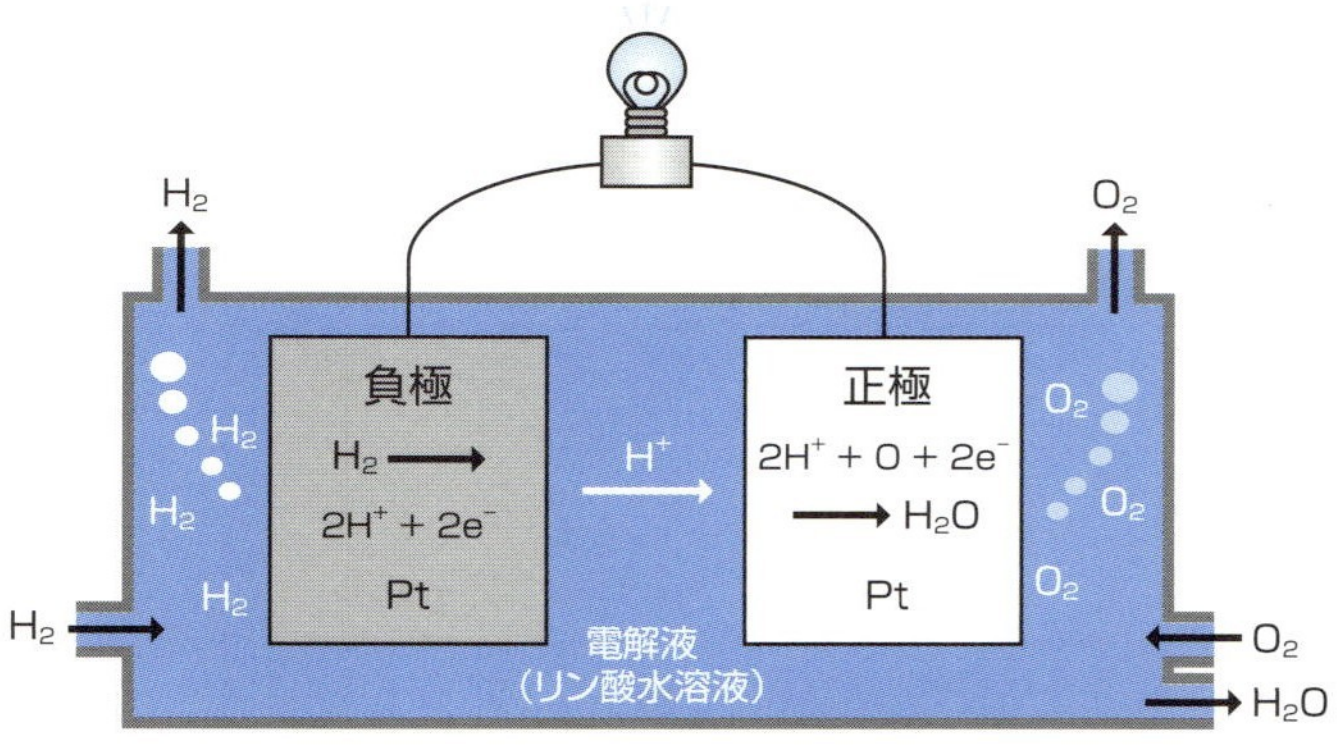

H_2
O_2
負極
H_2 ⟶ $2H^+ + 2e^-$
Pt
H^+
正極
$2H^+ + O + 2e^-$ ⟶ H_2O
Pt
電解液
(リン酸水溶液)
H_2
H_2
H_2
H_2
O_2
O_2
O_2
O_2
H_2O

図はリン酸形の装置の模式図です。電解質(液)としてリン酸H_3PO_4を用います。電極は両方とも白金Ptでできており、触媒の役を兼ねています。負極に白金を用いる理由は、白金は上で、水素がイオン化しやすいということです。電解液の入った容器、電解槽の負極側には水素ガスH_2が吹き込まれ、正極側には酸素ガスO_2が吹き込まれます。

現在では液体の電解液ではなく、ペースト状の物や、高分子膜の物(固体高分子形)が開発されて、携帯や使用に便利なように改良されています。

水素燃料電池の起電機構

水素燃料電池で電気が起こる原理は次のようなものです。

❶ 負極反応

負極の白金表面に水素ガスが接触すると水素が分解して水素イオンH^+と電子になります。

発生した電子は外部の導線を通って正極に移動し、電流になります。一方H^+は電解液を通って正極に移動します。

❷正極反応

正極には酸素ガスO_2が待っています。正極に達したH^+と電子は再結合して水素Hになり、電極と同時に触媒の働きをする白金の力を借りて酸素と結合して水H_2Oになります。

●負極反応

$$H \longrightarrow H^+ + e^-$$

●正極反応

$$H^+ + e^- \longrightarrow H$$

$$4H + O_2 \longrightarrow 2H_2O$$

SECTION 13

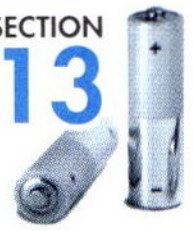

水素燃料電池の特色

排ガスとエンジン音をまき散らしながら走るエンジン自動車に代わって、モーターで音も無く、排ガスも無く走る電気自動車が登場しました。近い将来、世界中の自動車は、少なくとも動力の一部は電気化する方向に動いていくのでしょう。そのための電気源として注目されているのは、リチウムイオン二次電池と水素燃料電池です。水素燃料電池にはどのような利点があり、どのような問題があるのでしょうか。

クリーンエネルギー

水素燃料電池の利点は、廃棄物として出る物が水だけということです。宇宙ステーションのエネルギー源としても水素燃料電池が用いられ、その際に発生した「廃棄物の水」を宇宙飛行士がおいしそうに飲んでいるデモンストレーションがありました。

この様に、水素燃料電池は、環境を汚さないクリーンなエネルギー源として注目されています。

白金電極

それでは水素燃料電池は良いことづくめかというと、決してそうではありません。問題点もいくつかあります。

一つは触媒として白金を使うことです。白金は貴金属でレアメタルであり、資源が少なくて高価です。白金の価格は時価であり、年によって日によって変化します。2018年では1g当たり、3700円ほどですが、以前は5000円以上もするときがありました。これだけ大きく変動されたら、それを用いる水素燃料電池の価格も変動せざるを得ないでしょう。これは安定供給という面で大きな問題と言わなければなりません。

もっと入手しやすく、廉価な触媒を開発したいところです。

水素ガスの貯蔵・運搬

水素ガスは言うまでも無く可燃性、爆発性の気体です。空気との混合気体は爆発の際に特別大きな音を出すため、爆鳴気と呼ばれているほどです。水素燃料電池を用いるには、燃料電池と同時にこの水素ガスを傍らに置かなければなりません。

自動車ならガソリンタンクの代わりに水素ガスタンクを積まなければならず、インフラとしては水素ガスステーションを街中に何カ所も、現在のガソリンスタンド並みに設置しなければなりません。自動車事故でタンクが壊れたら爆発性のガスが周囲に漂うこともゼロとは言えません。

また、水素は鉄と反応して鉄を弱くする作用があります。これを水素脆弱といいます。そのため、水素タンクに鋼鉄を用いるわけにはいきません。丈夫で耐圧性のあるプラスチック、あるいは炭素繊維のような物でタンクを作る必要があります。

SECTION 14

水素ガスの作製

水素燃料電池には宿命的な問題があります。それは燃料に使う水素ガスが自然界には存在しないということです。そのため、人為的に作り出さなければなりません。

水の電気分解

最も考えやすいのは水の電気分解で得ると言うものです。この場合、基本的な問題点は、水素を水に変えて得られるエネルギー量(水素燃料電池の発生するエネルギー)は、水を電気分解し

●水の電気分解によるエネルギー

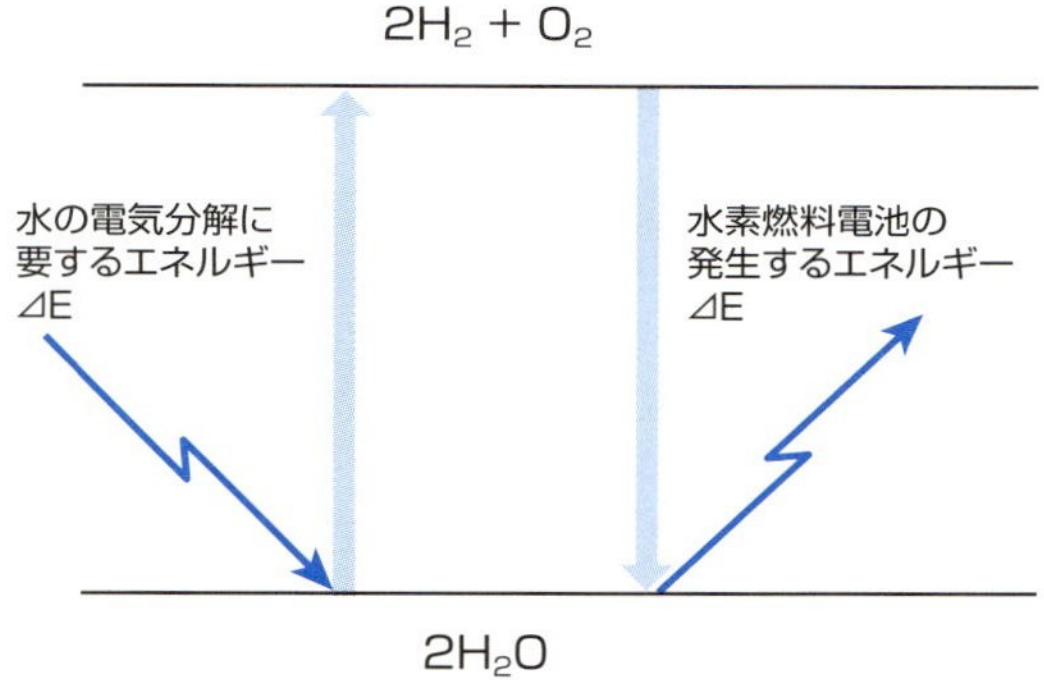

2H2 + O2
水の電気分解に
要するエネルギー
⊿E
水素燃料電池の
発生するエネルギー
⊿E
2H2O

て水素を得るために使われるエネルギー量と同じだということです。

つまり、水素燃料電池はエネルギー発生源ではないのです。エネルギーの移動装置と言うような物なのです。それでも水素を水の電気分解で得るとしたら、そのエネルギーは他の発電装置、つまり火力発電とか原子力発電などで得なければなりません。

❶ クリーンエネルギー

このように考えると「水素燃料電池＝クリーンエネルギー」という謳い文句に疑問符がついてしまいます。すなわち、水素燃料電池を動かすためにはどこか別な所で電気エネルギーを作らなければならないということです。

それが火力発電ならば化石燃料の枯渇とか、二酸化炭素による地球温暖化とか、現代の大型公害が頭をもたげます。また原子力発電なら放射性廃棄物の問題、事故の問題等々、言い尽くされた感のある問題が未解決のまま横たわっています。

すなわち、水素燃料電池のクリーンの背後にはこのようなダークな問題が横たわっているのです。

❷再生可能エネルギー

この問題を解決する究極の答えは、電気を再生可能エネルギーでまかなうと言うことです。「洋上に基地を浮かべて風力発電をする」「人工衛星軌道に太陽電池を配置して発電をする」などと言う近未来的な話しになってしまいます。

水蒸気改質

水蒸気改質は水H_2Oを水素H_2に変換する技術です。新しい技術だけではなく、昔から用いていた伝統的な方法もあります。

❶メタンCH_4の利用

化石燃料としてメタンを用いる方法は水蒸気メタン改質とも呼ばれ、工業的なアンモニア合成に使われる水素などを製造する最大の方法となっています。

●メタンと水の反応

$$CH_4 + H_2O \longrightarrow CO + 3H_2$$

つまり、700~1100℃の高温でニッケルNiなどの金属触媒が存在すると、水蒸気はメタンと反応して一酸化炭素と水素になります。

米国では年間900万トンの水素を製造しますが、そのほとんどがこの方法によるものです。

ただし、この方法でも高温を維持するためのエネルギーは他のエネルギー源に頼らざるをえません。

❷石炭Cの利用

石炭を乾留して得たコークスを酸素の無い状態で1000℃ほどに加熱し、ここに水を掛けると一酸化炭素と水素になります。この混合ガスは水性ガスと言い、40年ほど前までは日本全国で都市ガスとして利用していました。

なお、石炭を乾留する際にもガスが発生し、このガスの55%も水素ガスですから、それも利用できます。

●石炭と水の反応

$$C + H_2O \longrightarrow CO + H_2$$

バイオエタノールC_2H_5OHの利用

エタノールに高温下で触媒を作用させると二酸化炭素CO_2と水素ガスを発生します。

エタノールは化石燃料から合成することもできますが、それ以上に自然界にある植物（デンプン、セルロース）から得られるグルコース（ブドウ糖）のアルコール発酵によって得ることができます。この方法を用いれば、加熱のエネルギーを用いるだけで自然界から水素ガスを得ることができることになります

アーバンマイン（都市鉱山）

都市鉱山と言う概念はレアメタルから発生した概念です。レアメタルと言うのは、そもそも日本で産出しない貴重金属の事を言います。しかし、日本人の生活を見ると、成人のほぼ全員がスマホを握り、多

●エタノールと水の反応

$$C_2H_5OH + 3H_2O \rightarrow 2CO_2 + 6H_2$$

くの人がパソコンを操り、全家庭にテレビが置いてあります。これらの機器には多くのレアメタルが使われています。

これらのうち、古くなった多くの物は家庭に眠っています。これを分解してレアメタルを回収したら、下手な鉱山より簡単に高品質なレアメタルが手に入るはずだ、ということで提唱された概念です。水素ガスに関しても同じことが言えます。産業活動の多くの場面で水素ガスが発生し、それが無用の物、邪魔物として廃棄されています。これを有効利用しようと言うものです。

❶ 製鉄業

製鉄は鉄鉱石から純鉄を回収する操作です。鉄鉱石は酸化鉄Fe_2O_3であり、酸素を含んでいます。この酸素を除くために用いるのが炭素です。現代のスウェーデン方式では、この炭素に石炭を乾留したコークスを用います。

先に見たように、この過程で膨大な量の水素ガスが発生します。これを回収したら相当の水素資源となるでしょう。

❷廃棄金属処理

金属の多くは高温で燃え、水と反応します。自動車のホイールに用いられるマグネシウム合金の原料であるマグネシウムMgは水と反応して水素を発生します。このようにある種の金属廃棄物の処理現場では、不要どころか危険物である水素ガスの発生に頭を悩ましています。このような水素を回収することが考えられます。

❸バイオ水素

日本では毎日膨大な量の生ごみが発生します。これを発酵させたらメタンガスになります。メタンガスは水蒸気改質によって水素になります。生ごみのうち、植物質のものはアルコール発酵させたらアルコールとなり、先で見た方法によって水素となります。

このように見てみると、日本は膨大な量の資源に恵まれていることがわかります。日本人は自国を資源貧乏国と揶揄していますが、実は資源王国日本と言うことなのかもしれません。

●マグネシウムと水の反応

$$Mg + H_2O \longrightarrow MgO + H_2$$

SECTION 15

その他の燃料電池

燃料に水素ガスを用いる水素燃料電池について見てきましたが、燃料電池の燃料は水素だけではありません。

空気亜鉛電池(燃料：亜鉛Zn)

水素燃料電池以外の燃料電池は、将来に託する技術という面があり、現在実用化されていても、実験的な意味合いが含まれていたりします。

そこで水素以外の燃料を用いる燃料電池の最初の例として、空気亜鉛燃料電池を見てみましょう。これは「空気電池」の名前で補聴器などに利用されています。

●空気亜鉛電池

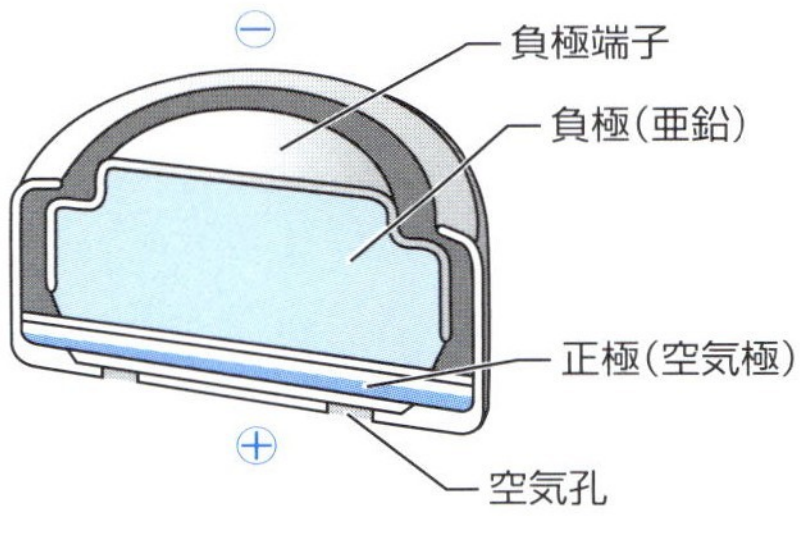

⊖
負極端子
負極(亜鉛)
正極(空気極)
⊕
空気孔

空気亜鉛電池は、単に空気電池とも呼ばれることが多いのですが、実は燃料電池の一種です。ただし、この電池で供給しなければならないのは燃料ではなく、その燃料を燃焼させるための酸素O_2です。そして、この酸素は空気から補給されます。したがって、この電池が作動するためには空気が必要になります。

空気電池は、主にボタン型電池として利用され、使用時には電極の空気取り入れ口に張られたシールを剥がして用います。一度剥がしたシールを貼り直して保存することはできません。この電池では、正極に空気中の酸素、負極に亜鉛を用います。電解液にはアルカリマンガン電池と同様に水酸化カリウムKOHを用いるものが主流です。起電機構は、負極の反応は亜鉛の電離です。

この電子を受け取るのが正極材料の酸素O_2です。酸素は電子と水によって水酸化物イオンOH^-になります。つまり、

●空気電池の起電機構

$$負極\quad Zn \longrightarrow Zn^{2+} + 2e^-$$

$$正極\quad O_2 + 2H_2O + 4e^- \longrightarrow 4OH^-$$

酸素は分子O_2状態の、中性状態(0価)から還元されてマイナス2価の状態O_2^-になっているのです。

空気電池では正極材料に空気中の酸素を使うため正極材料のためのスペースがいりません。そのため電池中に負極材料の亜鉛をたくさん詰めることができ、小型で軽いにも関わらず大容量の電気を取り出すことができます。そのため、耳に入れて使う補聴器の電源などに使われています。

溶融炭酸塩形燃料電池
(燃料：水素H_2、天然ガスCH_4、水性ガスCO/H_2)

溶融炭酸塩形燃料電池は、水素イオンH^+の代わりに炭酸イオンCO_3^{2-}を用い、溶融した金属炭酸塩(炭酸リチウムLi_2CO_3、炭酸カリウムK_2CO_3など)を電解質として用います。

そのため、水素H_2に限らず天然ガス(メタン)CH_4や水性ガス(一酸化炭素COと水素H_2の混合物)を燃料とすることが可能となります。ただし動作温度は600℃～

700℃と高くなり、一般家庭で使うのは困難です。

　常温では固体の炭酸塩もこの温度では溶融するため、電解質として用いることができるのです。高温を要するのは弱点ですが、火力発電所などの排熱を利用すれば、むしろ排熱の利用にもなります。それより一歩進んで火力発電所の代替などの用途が期待されています。白金触媒を必要としないのも長所の一つです。

固体酸化物形燃料電池
（燃料：水素H_2、天然ガスCH_4、水性ガスCO/H_2）

　固体酸化物形燃料電池は、固体電解質形燃料電池とも呼ばれます。動作温度が700～1000℃と高いので高耐熱性の材料が必要となり、一般向けの電池とはいえません。電解質として酸化物イオンの透過性が高い安定化ジルコニアNrO_2やランタンLa、ガリウムGaなどの酸化物を用いたイオン伝導性セラミックスを使用します。

　正極で生成した酸素イオン（O^{2-}）が電解質を透過し、負極で燃料と反応するので、水素だけではなく天然ガスや水性ガスなども燃料として用いることができます。発電効率は高く、家庭用・業務用の1~10kW級としても開発されています。

他の形式の燃料電池で使用される白金やパラジウム等の貴金属系の触媒が不要で、負極としては、ニッケルと電解質セラミックスによるサーメット、正極としては導電性セラミックスを用いるのも強みです。大型のものは、燃焼排ガスをガスタービン発電や蒸気発電に利用すれば、極めて高い総合発電効率を得ることが出来ると予測されるため、火力発電所の代替などの用途が期待されています。

直接形燃料電池（燃料：メタノール、エタノール、ジメチルエーテル、ヒドラジン、ホルムアルデヒド、ギ酸、アンモニア等）

直接形燃料電池は、燃料を事前処理無しに直接電池に供給する形式です。燃料に含まれる炭素は二酸化炭素として排出されます。ヒドラジンのような還元性の燃料を使用する場合には、貴金属の触媒が不要になるため、貴金属フリー液体燃料電池として注目されます。

電力・発電効率とも低いですが小型軽量のものが作れるのが強みです。例えば、直接形メタノール燃料電池は、数十mW～10W程度の小規模小電力発電に適しており、小型携帯電子機器の電源としての用途が考えられます。米国では2008年には出力1Wのものが販売されています。

バイオ燃料電池

食物からエネルギーを取りだす生体システムを応用した燃料電池です。酵素の働きにより糖分を分解し、発生したメタン、水素、一酸化炭素などを燃焼することで電気エネルギーを取り出します。強力な酵素が不可欠であり、研究開発では、酵素の寿命を伸ばすことなどが課題となっています。

血液中の糖分を利用する体内埋め込み型ペースメーカーのエネルギー源などとして期待されています。

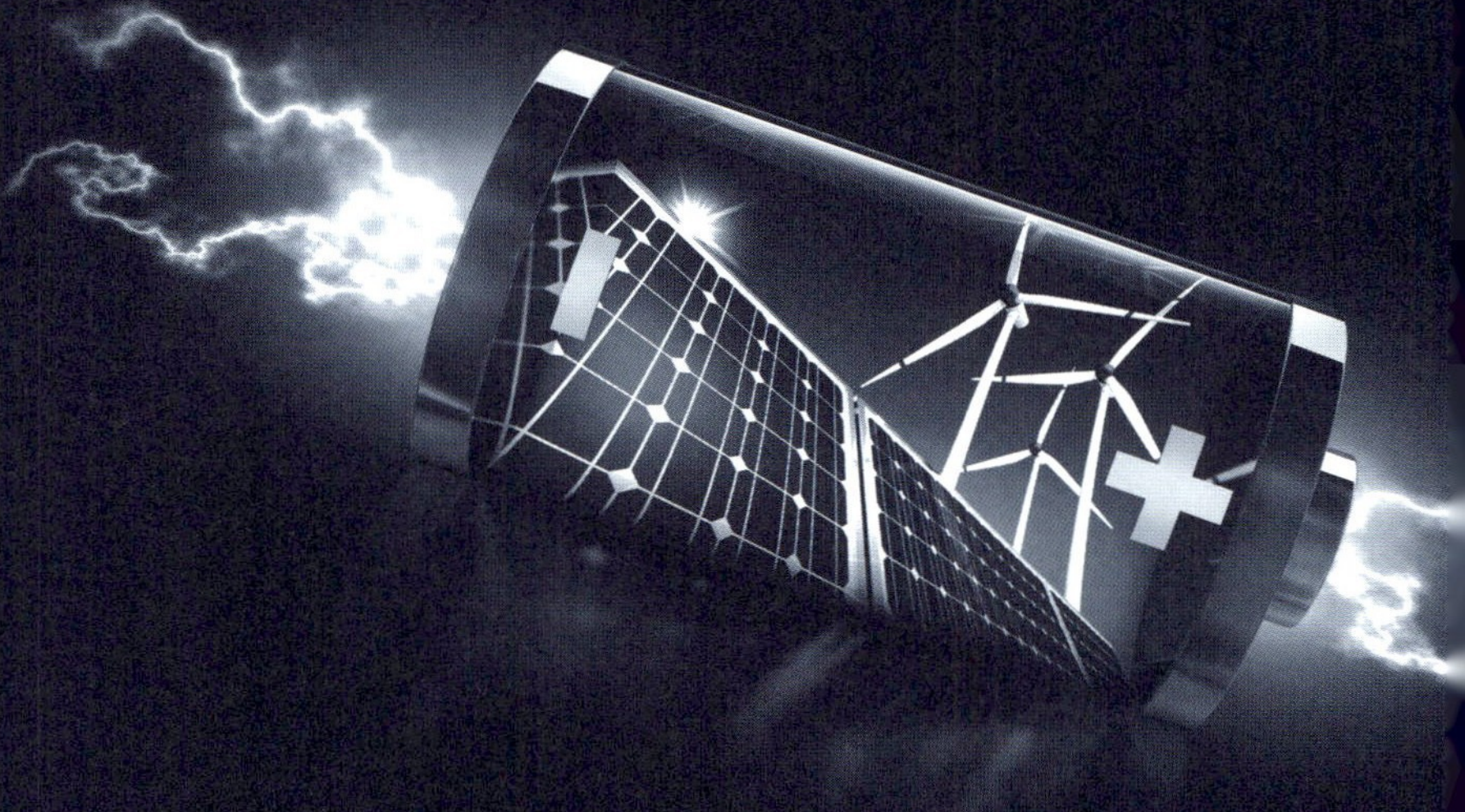

Chapter. 4
蓄電池

SECTION 16

一次電池と二次電池

化学電池は、出発物である化学物質が反応して生成物となるときに発生する反応エネルギーを電気エネルギーとして取り出す（放電）装置です。したがって、出発物が全て反応物となった時点で反応エネルギーの生産は終わり、電池としての寿命も終わりになります。このような電池を一次電池と言い、ここまでに見てきた全ての電池は一次電池です。

二次電池

ところが、電池の中には、放電時と逆向きの電流を外部から流すこと（充電）によって、一旦生成した生成物を元の出発物に戻すことのできる電池があります。

再生された出発物質は改めて反応してまた放電することができますから、このような電池は充電を繰り返すことによって何回でも放電を行うことができます。

このような電池を二次電池と言います。二次電池は、また蓄電池、バッテリー、あるいは充電池などと呼ばれることもあります。

二次電池の種類と特徴

二次電池には多くの種類があり、それぞれの特色、長所、短所があります。それらを下記の表にまとめました。

●二次電池の種類と特徴

名称	正極 / 負極	電圧	特徴及び主な用途
鉛蓄電池	二酸化鉛 / 鉛	2.0V	単セルあたりの電圧が高めで材料も安価。「短時間×大電流放電」または「長時間×少量放電」のいずれでも安定に使用可能。 用途は、自動車用バッテリー、バックアップ電源用電池など。
ニッケル・カドミウム蓄電池	水酸化Ni / 水酸化Cd	1.2V	大電流の充放電が可能だが消費電力は小さい。 用途は、電動工具、非常用電源など。
ニッケル・水素電池	水酸化Ni / 水素吸蔵合金	1.2V	ニッケル・カドミウム電池と同じ電圧で電気容量がおよそ2倍あり、またカドミウムを使用しないためその置き換えとして広まる。 用途は、ポータブル電子機器、ハイブリッドカーなど。
金属リチウム電池	遷移金属の酸化物 / 金属リチウム	3.0V	カドミウムフリーの二次電池として期待されたが、充放電の繰り返しに伴い負極表面に金属が析出。短絡の原因となり安全上の問題から普及せず。
リチウムイオン二次電池	リチウム遷移金属酸化物 / 黒鉛	3.7V	リチウムの合金化と負極を黒鉛にすることにより金属リチウム電池の問題を解決したもの。電圧が高く、軽量コンパクト。 用途は、ポータブル電子機器、ハイブリッドカーなど。
リチウムイオンポリマー二次電池	リチウム遷移金属酸化物 / 黒鉛	3.7V	電解液を高分子ゲルに浸み込ませ、電解液に用いられる可燃性溶剤の液漏れを対策したもの。化学反応はリチウムイオン二次電池と同じ。外装にアルミラミネートパウチが用いられるため、薄型・小型の電池を作ることができる。 用途は、ポータブル電子機器など。

※参考資料　ナノフォトン株式会社

SECTION 17

鉛蓄電池

種類のたくさんある二次電池の中で最も良く知られているのは鉛蓄電池でしょう。一般にバッテリーと言ったら鉛蓄電池の事を言います。アルコールの種類は数えきれないほどある中で、一般にアルコールと言えばエタノールを指すのと同じ状態と言ってよいでしょう。

鉛蓄電池は、ルクランシェ電池、乾電池などが登場したのと同じ時代、１８５９年にフランス人のガストン・プランテにより発明されました。ようやく実用的な一次電池が誕生したのと同じ時代に充電可能な二次電池が開発されているのは驚きます。鉛蓄電池が誕生してすでに１６０年になろうとしています。

鉛蓄電池の構造

鉛蓄電池の実際の構造は図のようなものですが、その基本的な部分の模式図は、ボルタ電池と大差ありません。要するに電解質としての硫酸H_2SO_4の中に、負極としての金属鉛Pbと正極としての酸化鉛PbO_2がセットしてあります。

ここであらかじめ注意しておきたいのは重さです。つまり、硫酸は、濃硫酸では比重1・84と水の2倍近く重い液体であり、鉛は比重11・3と鉄(7・9)の1・5倍ほど重いと言うことです。つまり、鉛蓄電池は非常に重いのです。

●鉛蓄電池の構造

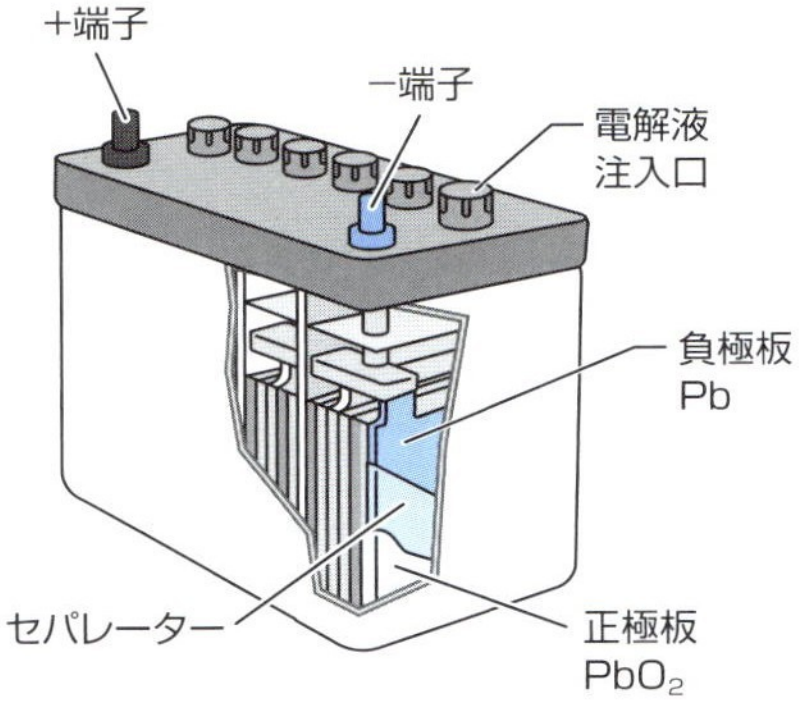
+端子
ー端子
電解液
注入口
負極板
Pb
セパレーター
正極板
PbO_2

放電・充電の機構

二次電池は、まず放電し、放電し終わったら充電して元の状態に戻り、また放電するということを繰り返す電池です。

❶放電機構

まず、どのようにして放電するのかを見てみましょう。これは単純です。要するに見慣れた亜鉛の負極の場合と全く同じです。つまり負極の金属鉛Pbが電離して鉛イオンPb^{2+}と電子e^-になります。この電子を外部回路を通って受け取った二酸化鉛が化学変化します。つまり、先に見た二酸化マンガンMnO_2の場合と同じように、PbO_2のPbも4価の陽イオンPb^{4+}となっています。これが電子を受け取って2価のPb^{2+}となるのです。

●放電機構

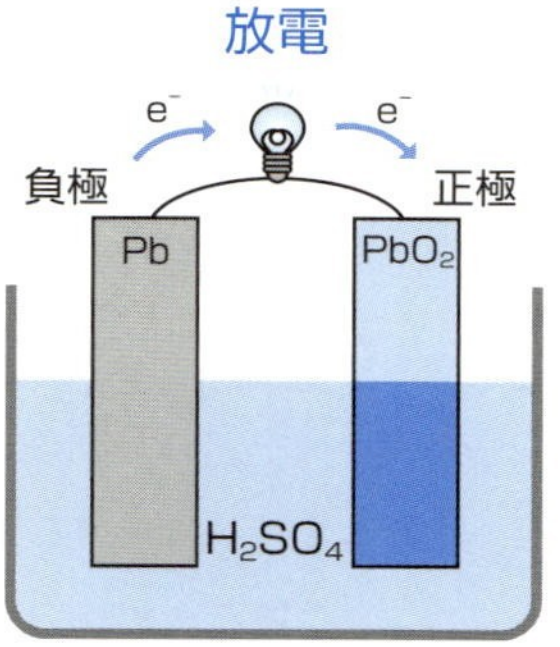

放電
e⁻
e⁻
負極
正極
Pb
PbO2
H2SO4

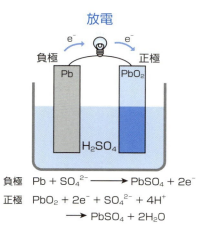

負極　$Pb + SO_4^{2-} \longrightarrow PbSO_4 + 2e^-$

正極　$PbO_2 + 2e^- + SO_4^{2-} + 4H^+ \longrightarrow PbSO_4 + 2H_2O$

普通の一次電池の場合なら、説明はこれで終わりです。しかし、二次電池の場合には、これで終わらないところが問題なのです。つまり、各電極で実際に生じた物質が問題になるのです。生成物まで含めた反応式を図に示します。負極も正極も、生成物は全く同じ硫酸鉛$PbSO_4$なのです。これは二次電池にとって決定的に重要なこととなります。

❷充電機構

充電と言うのは、電池に放電の場合と全く逆の電流を流すことを言います。つまり放電では、「負極は電子を放出し、正極は電子を受け取ります」。

この逆ということは、「負極は電子を受け取り、正極は電子を放出する」と言うことです。その結果、起こる反応は次の通りです。

●充電機構

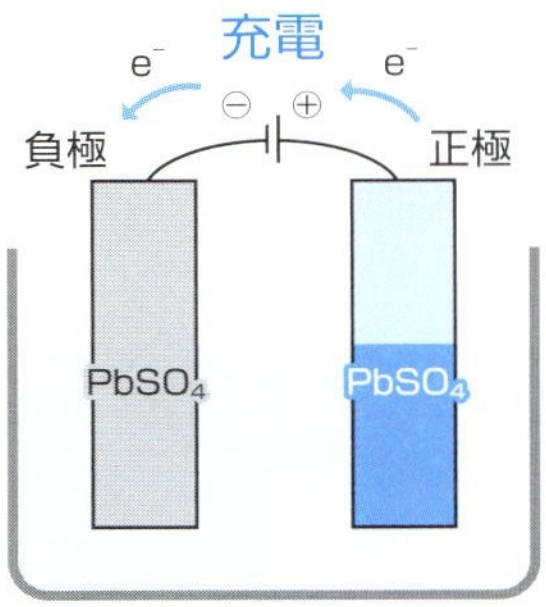
充電
e⁻
e⁻
⊖ ⊕
負極
正極
PbSO4
PbSO4

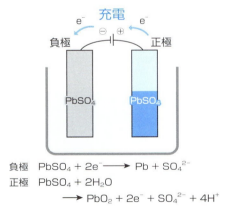

負極　$PbSO_4 + 2e^- \longrightarrow Pb + SO_4^{2-}$

正極　$PbSO_4 + 2H_2O$

$\longrightarrow PbO_2 + 2e^- + SO_4^{2-} + 4H^+$

❸二次電池の機構

放電機構と充電機構の反応機構は、矢印↓をひっくり返しただけで、他は全く同じことに気付かれるのではないでしょうか？　つまり、二次電池の反応機構は両辺を結ぶ矢印↓を、両向きの矢印⇅で置き換えれば良いことがわかります。

このように、反応式の右側へも左側へも進行することができる反応を一般に可逆反応と言います。酸化・還元反応は典型的な可逆反応の一つなのです。

すなわち、Aが電子を放出すればA^+となり、A^+が電子を受け取れば元のAに戻るのです。同様にBが電子を受け取ればB^-となり、B^-が電子を放出すれば元のBに戻ります。

●可逆反応

$$A \rightleftarrows A^+ + e^-$$

$$B + e^- \rightleftarrows B^-$$

鉛蓄電池の利用

鉛蓄電池は、ほとんど全ての自動車のバッテリーとして広く利用されています。その他にもフォークリフト、ゴルフカート、あるいは小型飛行機などにも利用されます。また、急な停電の場合の補充電源としても待機しています。鉛蓄電池は社会のあらゆるところで縁の下の力持ち的な役割をこなしています。

●二次電池の機構

負極　$Pb + SO_4^{2-} \rightleftarrows PbSO_4 + 2e^-$

正極　$PbO_2 + 2e^- + SO_4^{2-} + 4H^+ \rightleftarrows PbSO_4 + 2H_2O$

問題点

この様に現代社会で大切であり、しかも現代社会がここまで育つ間働いてくれた鉛蓄電池ですが、最近は欠点が目立つようになってしまいました。人の一生のようなものかもしれません。

❶重量

まず、第一の欠点は重いことです。冒頭で見たように、鉛蓄電池は重い電解液と重い電極を抱えています。現代の自動車は省エネのおかげで軽いを善しとします。ホイールをマグネシム合金に換えるほど軽量化を図る自動車が、岩のように重いバッテリーを抱えてフーフー言っているのはマンガチックかもしれません。

❷有毒性

もう一つの問題は鉛の有毒性です。鉛は神経毒であることが明らかにされています。ローマ皇帝ネロが後年あのような凶行を働いたのは、鉛入りのワインをガブ飲みしたせいだとの説があります。また、ベートーベンが、後年、耳が聞こえなくなったのもワインに鉛を加えてに飲んだせいだと言われます。昔の女性が用いた白粉が鉛白、炭酸鉛$PbCO_3$であり、それによってどれだけの遊女、その子供、歌舞伎役者が被害にあったかはよく言われるところです。

以前のハンダは鉛とスズの合金でした。しかし、現在のEUは鉛入りのハンダを用いた家電製品は輸入禁止にしています。バッテリーの鉛に手を触れる人はいないでしょうが、これが廃棄されると、廃棄処理の過程で鉛が環境に漏れ出す可能性は否定できません。

廃棄された鉛蓄電池を下取りするリサイクル制度は整備されています。鉛・プラスチック・硫酸に分けて処理されますが、硫酸以外は資源として価値が高いために、有価物として取引されます。ただし希硫酸は医薬用外劇物なので、廃棄する際には炭酸水素ナトリウム$NaHCO_3$(重曹)などの中和剤で、適切な処理をすることが義務付けられています。

SECTION 18

ニッケル・カドミウム蓄電池

一般にニッカド電池の名前で親しまれている電池は正式名をニッケル・カドミウム蓄電池と言います。ニッカド電池が開発されたのは1899年ですから大変な歴史を持った電池ですが、実際に広く使われるようなったのは1960年代からの事です。

ニッカド電池の構造と起電機構

図はニッカド電池の構造の模式図です。負極となる金属カドミウムCdと、正極となるオキシ

●ニッカド電池の構造の模式図

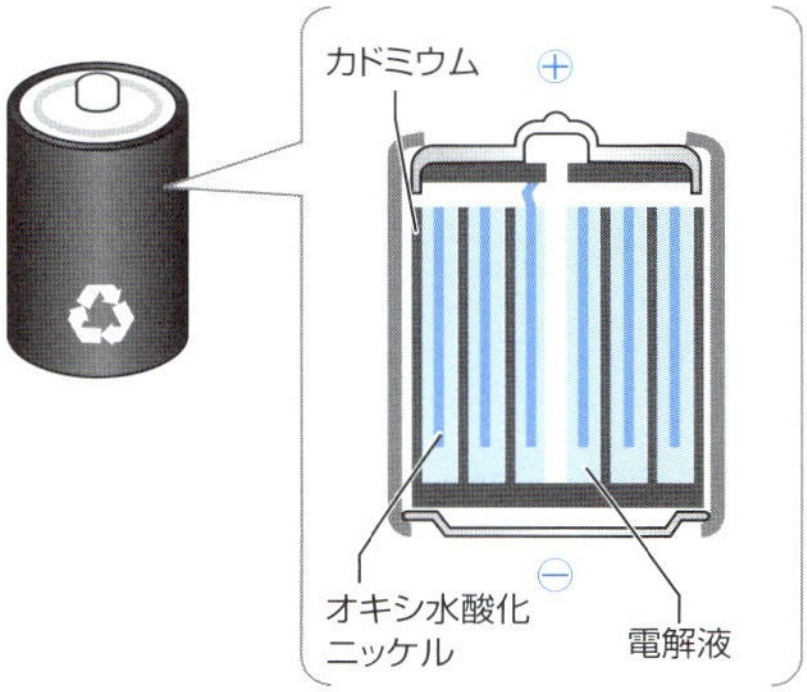
カドミウム
+
−
オキシ水酸化
ニッケル
電解液

水酸化ニッケルNiOOHが水酸化カリウムKOH水溶液の中に入っています。起電機構は次のようになります。

　オキシ水酸化ニッケル中のニッケルNiは3価のイオンNi^{3+}状態です。放電時の電池の動きはいつもの通りです。つまり負極のカドミウムが電離してイオンCd^{2+}となり、2個の電子を放出します。正極ではこの電子をNi^{3+}が受け取り、

●ニッカド電池の起電機構

$$\text{負極}\quad Cd \longrightarrow Cd^{2+} + 2e^{-}$$

$$\text{正極}\quad Ni^{3+} + e^{-} \longrightarrow Ni^{2+}$$

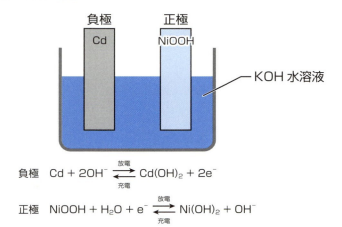

●ニッカド電池

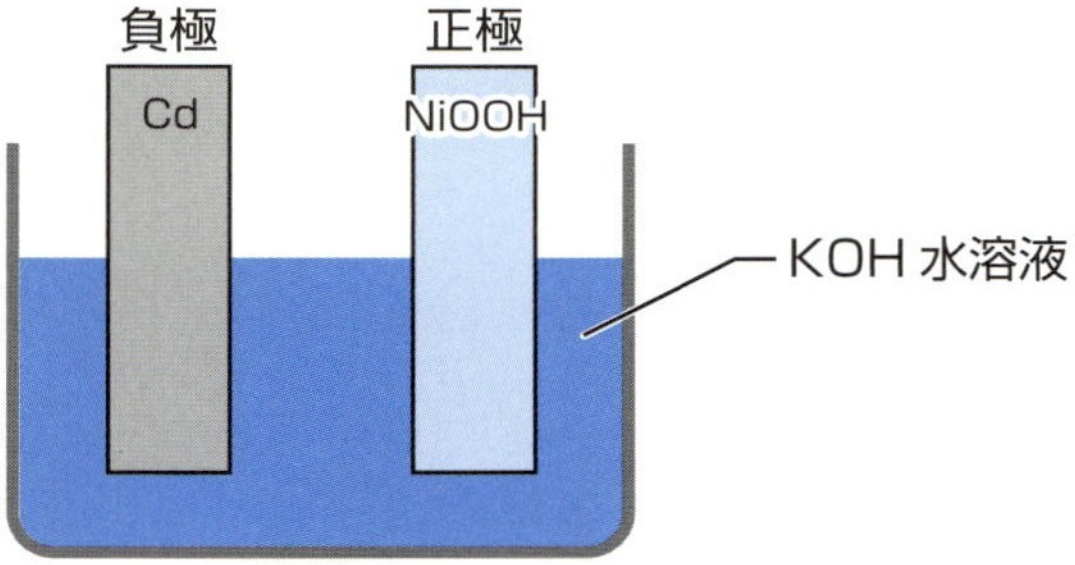

負極
正極
Cd
NiOOH
KOH 水溶液

$$\text{負極}\quad Cd + 2OH^{-} \underset{\text{充電}}{\overset{\text{放電}}{\rightleftarrows}} Cd(OH)_2 + 2e^{-}$$

$$\text{正極}\quad NiOOH + H_2O + e^{-} \underset{\text{充電}}{\overset{\text{放電}}{\rightleftarrows}} Ni(OH)_2 + OH^{-}$$

還元されてNi^{2+}となります。これを実際の物質の変化で表すと図のようになります。
充電の時には全く逆の反応が起きます。すなわち、上の反応の矢印を逆にすればよいだけです。

ニッカド電池の特徴

ニッカド電池は高出力ですので、ドライヤーやシェーバーなどモーターを使う電気機器に適しています。反面、自然放電が大きいため、時計のように小さい消費電力で長期間稼働させ続ける機器には不向きです。また、一般に広く流通している円筒型ニッケル・カドミウム蓄電池の電圧は1.2V〜1.3Vで、同じ形の普通の乾電池(マンガン乾電池、アルカリ乾電池)の定格である1.5Vよりも低いので、それらと単純に入れ替えても正常に動作しない場合があります。

また、使い始めから放電終止直前までは電圧、電流ともに安定した放電を行いますが、放電終了直前から急激に電圧が下がるという特徴もあります。

ニッカド電池の問題点

問題点として、容量が少ないこと、放電が完了しないうちに充電すると、放電容量が小さくなるというメモリー効果が顕著など、管理が面倒なこともあります。しかし、歴史が長く取り扱いのノウハウが豊富であることや、電池が過放電に強くてタフであること、瞬発力が高い事、生産コストの面などから、ラジコンなどホビーの分野、電動工具用の蓄電池として使われ続けています。

ニッカド電池の最大の問題点は負極材料のカドミウムです。これは1960年代に富山県で公害として大問題になった「イタイイタイ病」の原因物質です。このため、廃棄するときには、環境に漏れ出さないよう、細心の注意をしなければなりません。また、正極材量のニッケルもレアメタルの一種であり、高価格の原因になります。

ちなみに、レアメタルは、現代科学産業に欠かせない重要な金属として指定された47種類の元素を言います。その条件は次の3つがあげられます。

①地殻中に少ない

②産出地が特定国にかたよっている

③単離精製が困難

このうち一つにでも当てはまればレアメタルとされます。

最も問題なのは「②産出地が特定国にかたよっている」ことで、現代の電池に欠かせないレアメタルであるリチウムは、オーストラリア、チリ、アルゼンチンの三カ国だけで世界総生産量の約80％を占めています。日本では産出されません。

SECTION 19

ニッケル水素電池

ニッケル水素電池はニッケルと水素ガスを電極材とした二次電池です。ニッケル水素電池は１９７０年代に、高出力、高容量、長寿命の人工衛星のバッテリーとして開発が進められました。最初に使用されたのは１９７７年に打ち上げられたアメリカ海軍の航法衛星でした。

当初は、水素はタンクに圧縮された形で貯蔵されていました。しかし、その後水素吸蔵合金に吸蔵させる方式が開発され、現在では、この形式が主流となっています。

水素吸蔵合金

固体金属は全て結晶であり、球状の金属原子が三次元に渡って規則正しく積み重なったものです。その様子はリンゴがリンゴ箱にキチンと詰めこまれた状態に例えることができるでしょう。しかし、箱に球を詰めた場合、どんなに詰め込んでも球と球のあいだに隙間が空き、それは最低でも箱の空間の24％にもなります。

この隙間にリンゴと同じ大きさの球をさらに入れることはできませんが、小さい球である豆だったら入れることができます。直径の小さな水素原子だったら豆と同じように金属結晶の中に入ることができます。これが水素吸蔵合金の原理です。マグネシウムは自重の7・6％の重さの水素ガス、パラジウムは自体積の935倍の体積の水素を吸蔵することができます。

ニッケル水素電池の構造と起電機構

ニッケル水素電池の構造は基本的にニッカド電池と同じです。ニッカド電池のカドミウム電極を水素吸蔵合金電極に換えただけです。起電機構も同じようなものです。

●ニッケル水素電池の起電機構

放電時 → 　充電時 ←

負極　$MH \rightleftarrows MH^{+} + e^{-}$

正極　$Ni^{3+} + e^{-} \rightleftarrows Ni^{2+}$

充電の時には全く反対の反応が起きて放電前の状態に戻ることになります。ここでMHは水素吸蔵合金Mに吸着された水素Hを表します。つまり、水素が電離して水素イオンH^+と電子になります。ニッケルの変化はニッカド電池と同じです。

物質変化まで含めた式は次のようになります(①、②)。

負極の反応式の右辺に$M+H_2O$とあるのは、水素吸蔵合金に吸蔵された水素がOH原子団と反応して金属Mと水に分離したことを表します。すなわち放電の時には、水素Hは水素吸蔵金属から放出された形で反応

●ニッケル水素電池の構造

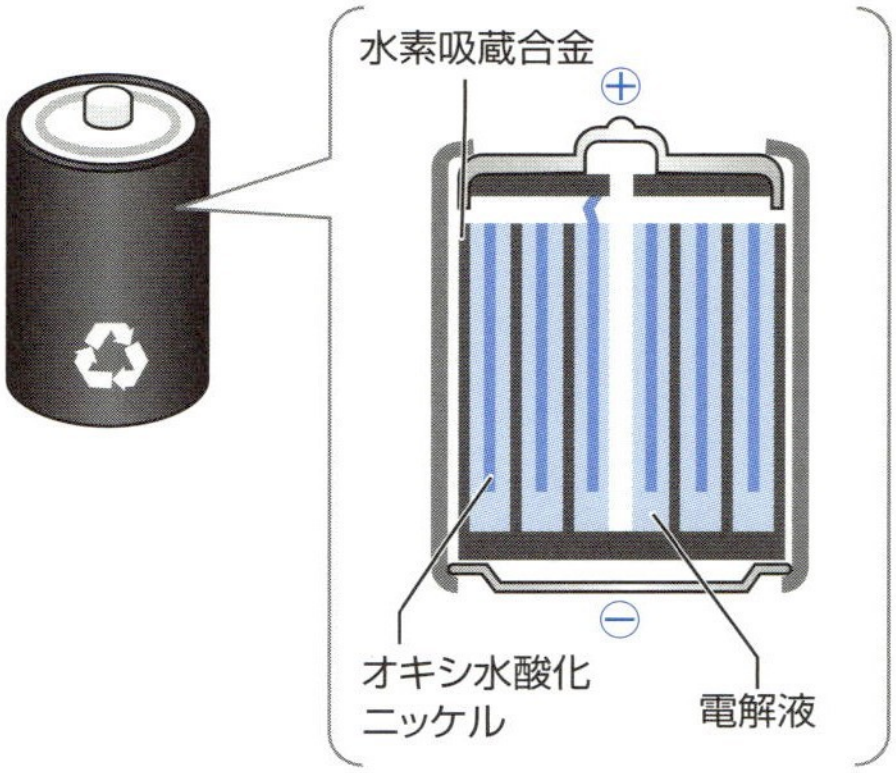

水素吸蔵合金
⊕
⊖
オキシ水酸化
ニッケル
電解液

負極　$MH + OH^- \rightleftarrows M + H_2O + e^-$　①

正極　$NiOOH + H_2O + e^- \rightleftarrows Ni(OH)_2 + OH^-$　②

し、充電の時にはまた吸蔵合金に戻ります。ここで式①と合わせると次の式が出てきます。

この式を見ると水素Hは負極MHと正極NiOOHのあいだを移動しているだけと見ることができます。

●充電の時の反応

$$MH + NiOOH \rightleftarrows M + Ni(OH)_2$$

●ニッケル水素電池の反応イメージ

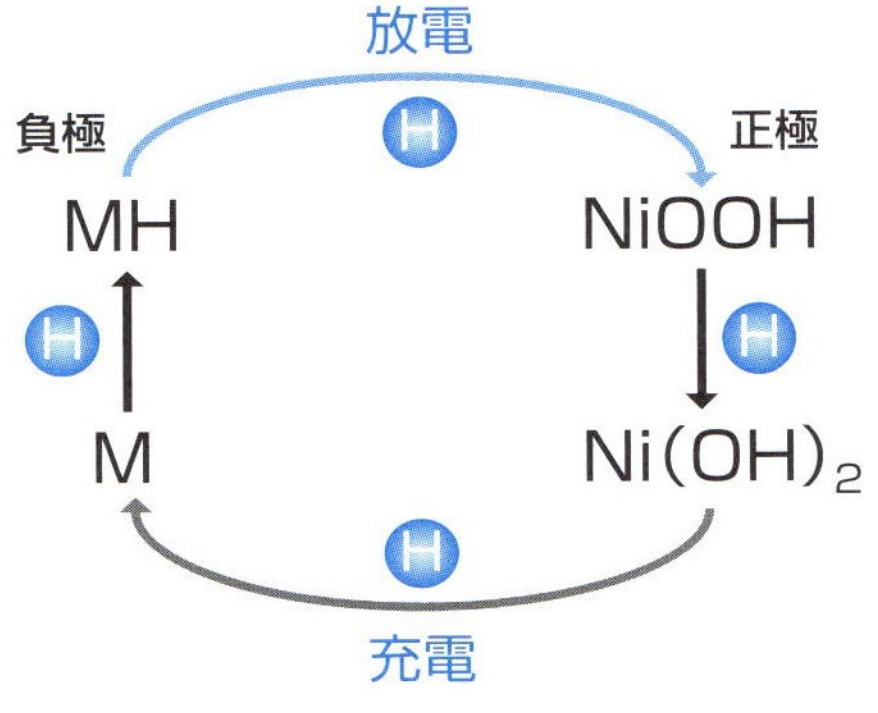
放電
負極
正極
MH
NiOOH
H
H
H
M
Ni(OH)2
H
充電

SECTION 20

リチウムイオン二次電池

現代の最先端を行く電子機器、スマホやノートパソコンの電源は決まってリチウムイオン二次電池です。旅客機であるボーイング787に使われる電池も同じです。逆に言うとリチウムイオン電池の登場が、これら最先端電子機器の登場を可能にしたと言えるかもしれません。それほど、リチウムイオン電池は強力で有用な電池です。しかし、いくつか問題も抱えています。

リチウムイオン二次電池の構造

リチウムイオン電池は負極と正極の間をリチウムイオンLi^+が移動することによって起電、充電する電池です。原子が移動する二次電池は先に見たニッケル水素二次電池も同じです。この電池では水素原子Hが移動していました。リチウムイオンも非常に小さく、水素原子の2倍ほどの直径しかありません。

電池の構造は図のようなものです。負極はリチウム貯蔵炭素Cであり、正極はコバルト酸リチウム$LiCoO_2$です。貯蔵炭素は要するにリチウムの容器ですが、原子レベルで見ると多孔質で、リチウムをたくさん収納できる黒鉛（グラファイト）などが用いられます。グラファイトは6個の炭素からできた6員環構造が連続した物なので、一般にC_6と書かれます。

●リチウムイオン二次電池の構造

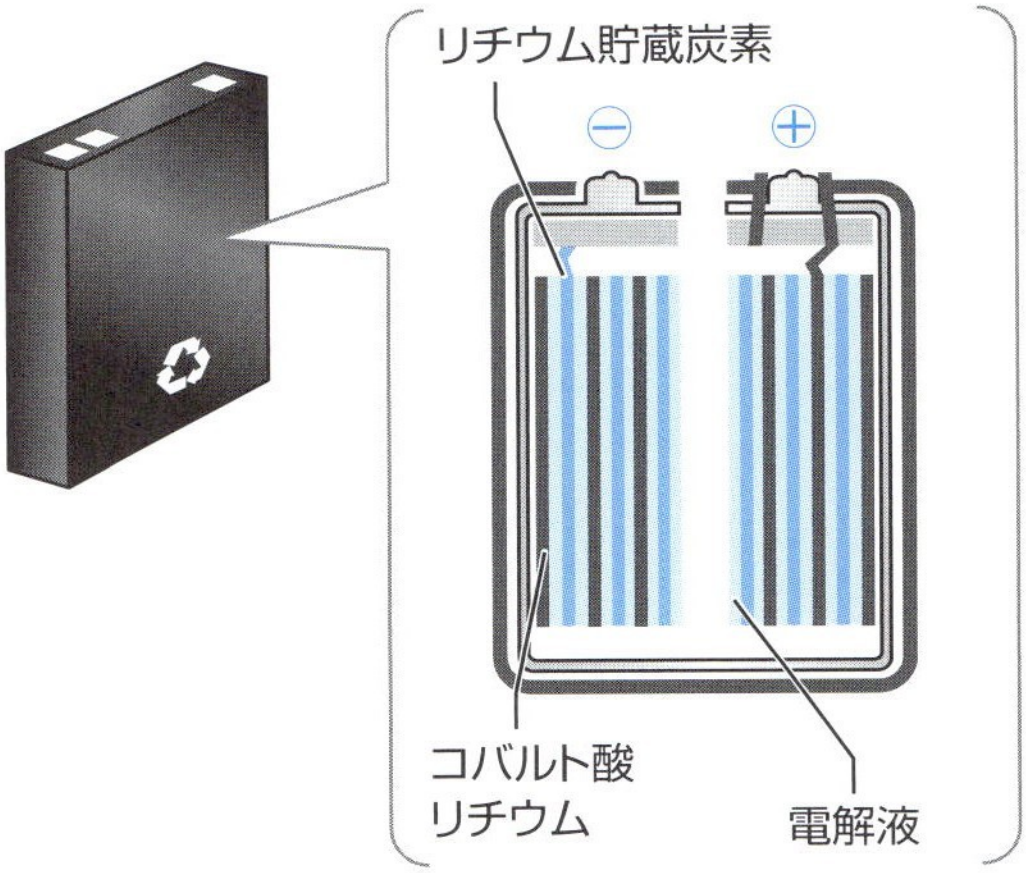
リチウム貯蔵炭素
⊖
⊕
コバルト酸
リチウム
電解液

一方、正極のコバルト酸リチウムは化合物ですが、この結晶は変わっており、結晶構造を保ったままリチウムを抜き出すことができます。つまりこれもリチウムの容器になれるわけです。電解液には有機溶媒が用いられます。

リチウムイオン二次電池の起電・充電機構

この電池の化学反応は単純です。問題は$LiCoO_2$結晶中のリチウム原子が何個抜け出すかです。多くの解説書では一般化してx個抜け出すとして説明してありますが、慣れない方はそれではわかりにくいでしょう。本書では簡単化して、全てのリチウムが抜け出したものとしてみてみましょう。つまり、リチウムの詰まった状態が$LiCoO_2$であり、リチウムが抜けた状態がCoO_2ということです。

このようにすると反応式はあっけないほど単純になります。

放電反応では負極のC_6から金属リチウムLiが抜け出して電離し、リチウムイオンLi^+と電子e^-になります。e^-は外部回路を通って正極に移動し、これが電流となります。一方、Li^+は電

●リチウムイオン二次電池

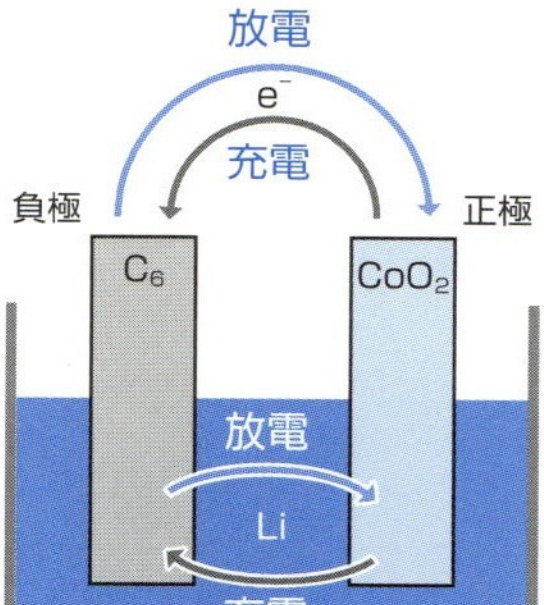
放電
e⁻
充電
負極
正極
C6
CoO2
放電
Li
充電

●リチウムイオン二次電池の起電・充電機構

$$\text{負極}\quad C_6Li \rightleftarrows C_6 + Li^+ + e^-$$

$$\text{正極}\quad CoO_2 + Li^+ + e^- \rightleftarrows LiCoO_2$$

解液中を通って正極に移動し、分かれて到着したe^-と合体して中性の金属リチウムとなってコバルト酸リチウムの結晶に潜り込みます。

リチウムイオン二次電池の問題

リチウムイオン電池にはいろいろの材料が使われています。その材料を見てみましょう。

❶負極材料

炭素系の材料が一般的であり、主に黒鉛が使用されていますが、チタン酸リチウム$Li_4Ti_5O_{12}$を用いた商品もあります。これはコバルト酸リチウムと同様に、リチウムを出し入れすることができる結晶です。

❷正極材料

現在使われているものはコバルト酸リチウム($LiCoO_2$)が主ですが、他にコバルト

Coをニッケル Ni、マンガン Mn、などに置き換えた物も用いられます。

❸電解質

一般に、有機溶媒にリチウム塩、$LiPF_6$、$LiBF_4$、$LiClO_4$などを1モル程度溶解させた有機電解液が用いられています。有機溶媒としては炭酸ジメチル、炭酸エチレン、炭酸プロピレンなどが用いられます。

このほかに液体でなくゼリー状の高分子（ポリマー、プラスチック）を用いたリチウムポリマー電池もあります。薄くて軽く、形状が自由になるなどの利点はありますが、電池としての性能は若干落ちるようです。

❹セパレータ

ポリエチレンやポリプロピレンなどのプラスチックからでき

●有機電解液

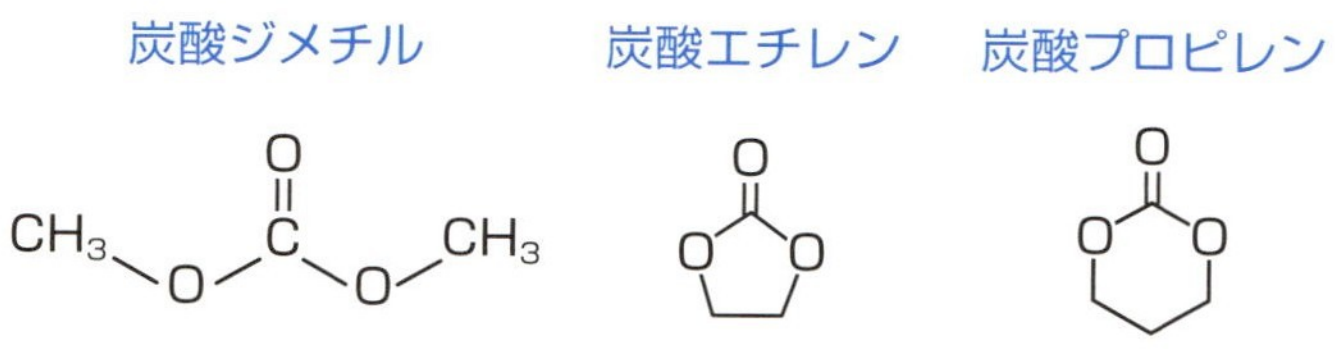
炭酸ジメチル
炭酸エチレン
炭酸プロピレン
O
CH3
C
O
O
CH3
O
O
O
O
O
O

た厚さ25マイクロメートルほどの膜に直径1マイクロメートル以下の小さな穴をあけた物が用いられます。

リチウムイオン二次電池の問題点

ボーイング787が就航した当時、電気系統のトラブルが頻発しました。全てリチウムイオン電池からの出火でした。それ以前にも、ノートパソコンに使われたリチウムイオン電池からの出火が相次ぎ、製造会社は数百億円に上る損失を出しました。

その大きな原因となっているのが電解液です。有機溶媒が燃えるのは宿命です。しかも現在用いられているのは炭酸系で分子内に酸素を3個も持っています。燃えやすいのは当然です。リチウムイオン電池は現代社会に無くてはならない電池ですが、一方で解決されなければならない問題を抱えていることも確かなようです。

SECTION 21

二次電池の性能の比較

各種の二次電池を見てきましたが、それぞれの二次電池の性能を比較してみましょう。下の表は現代の代表的な二次電池４種の性能を比較したものです。全ての面でリチウムイオン電池が優れた性能を持っていることが如実に示されています。

❶充放電サイクル回数

実用的な支障の無い範囲で何回放電、充電を繰り返すことができるか、という回数です。鉛蓄電池は歴史的な強みを誇っていますが、リチウムイオン電池はその2倍以上の能力を持っていることが分かります。

●各種電池の性能比較

	充放電サイクル数（回）	エネルギーコスト（Wh/US$）	自己放電率（%）
鉛電池	500～800	5～8	3～4
ニッカド電池	1500	−	20
ニッケル水素電池	1000	1.37	20
リチウムイオン電池	1200～2000	0.7～5.0	5～10

❷ 自己放電率

無駄に放電する電力を表します。これは鉛蓄電池が最も優れています。リチウムイオン電池の改良が待たれるところです。

❸ エネルギー密度

電池の重量当たり(重量エネルギー密度)と体積当たり(体積エネルギー密度)の問題です。前者が小さいと言うことは電池が軽いと言うことであり、後者が小さいことは電池が小さいということです。どちらも小さいに越したことはありません。

図はリチウムイオン電池がどちらにも圧倒的に優れていることを示しています。要するにリチウムイオン電池は軽くて小さいということです。それにしても鉛蓄電池の重くて大きいというのは驚くばかりです。このような蓄電池がいまだもって

●各種電池のエネルギー密度比較

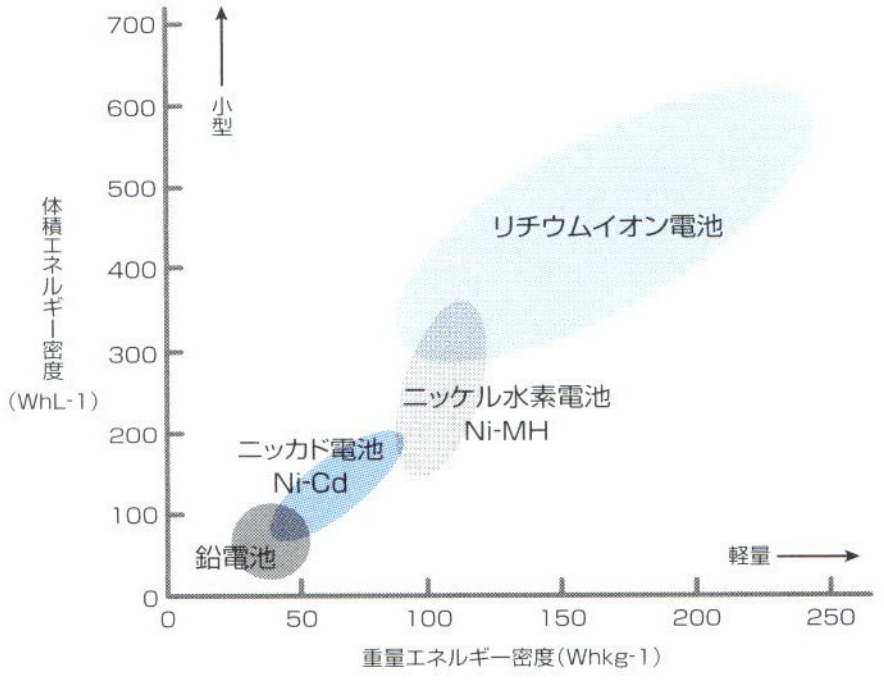

700
600
500
400
300
200
100
0
小型
体積エネルギー密度(WhL-1)
リチウムイオン電池
ニッケル水素電池
Ni-MH
ニッカド電池
Ni-Cd
鉛電池
軽量
0
50
100
150
200
250
重量エネルギー密度(Whkg-1)

車載バッテリーの大部分を占めていると言うのは、その実績に対する信頼性がいかに高いかと言うことを示すものでしょう。

❹エネルギーコスト

一定電力（1Wh）を得るために要するコストです。要するにコストパフォーマンスの高いのはどれかという問題です。リチウムイオン電池は鉛蓄電池の1／10以下になっています。鉛蓄電池が競争するのは難しいのではないでしょうか？

とはいうものの、ここにはレアメタルとしてのリチウムの価格変動が大きく響いてきます。リチウム価格が高騰すると、リチウムイオン電池の優位性は崩れる可能性もあります。

❺安全性

リチウムイオン電池について回るのは安全性の問題です。発火の危険性が指摘され、実際に発火例が繰り返し起こっています。この問題が完全に解決されない限り、リチウムイオン電池は現代社会を支える電池と胸を張ることはできないでしょう。

SECTION 22

二次電池になれる電池・なれない電池

金属の酸化還元反応は全て可逆反応です。電池の反応は基本的に酸化・還元反応です。だったら、放電反応とその逆反応の充電反応は起こりえるはずです。

全ての電池は二次電池になれそうに思えますが、ところが電池には一次電池と二次電池があります。二次電池は放電も充電もできますが、一次電池は放電しかできません。一次電池と二次電池の違いはどこにあるのでしょう？

ボルタ電池を充電したら？

化学電池の中で最も単純な電池はボルタ電池です。ボルタ電池を充

●金属の酸化還元反応

$$M \rightleftarrows M^{n+} + ne^{-}$$

電したらどうなるかを考えてみましょう。

ボルタ電池の放電では負極の亜鉛Znから電子が出発し、正極の銅Cuに達します。充電、つまりこれと逆の電流を流すには、電子をCuからZnに流せば良いことになります。つまり乾電池の正極(陽極)を銅につなぎ、乾電池の負極(陰極)を亜鉛に繋ぐのです。

❶電気メッキ

この操作は充電と言いますが、電気メッキそのものです。電気メッキでは正極の金属が負極の金属に移動してメッキされます。ボルタ電池の充電の場合にも正極では銅が溶け出します。そして負極の亜鉛に銅がメッキされます。

これでは、元の状態に戻ったことにはなりません。つまり、ボルタ電池は充電不可能なのです。つまり、ボルタ電池は二次電池にはなりえません。

❷イオン化傾向

もう少し詳しく見てみましょう。充電を始めるとき、ボルタ電池の電解液の中には、放電によって発生した亜鉛イオンZn^{2+}、充電によって生じた銅イオンCu^{2+}、それと硫酸から来たH^+の3種の陽イオンが存在することになります。ここに負極から電子がきたら、その電子を受け取って還元されるのは、この3種の陽イオンの内のどれでしょうか？

イオン化傾向の最も小さいCu^{2+}の方です。つまり、負極の亜鉛が銅メッキされることになるのです。

●ボルタ電池を充電した場合

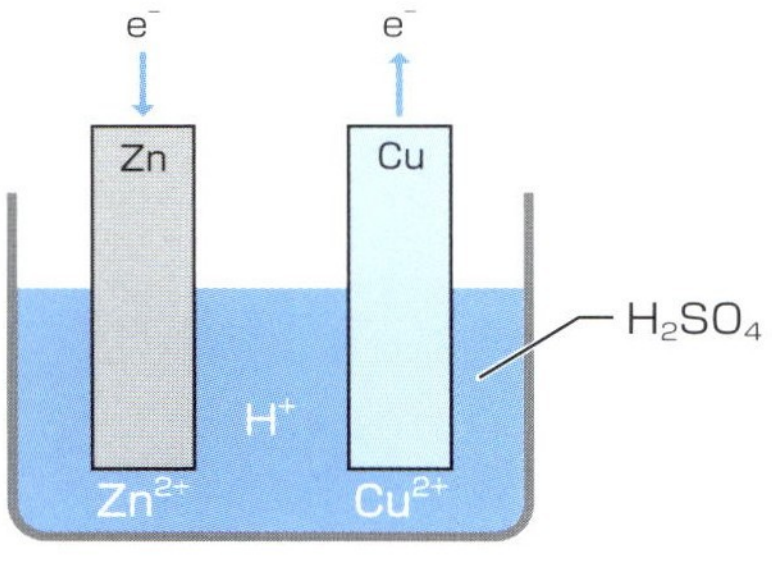
e⁻
e⁻
Zn
Cu
H_2SO_4
H^+
Zn^{2+}
Cu^{2+}

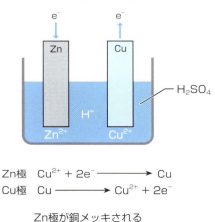

Zn極　$Cu^{2+} + 2e^- \longrightarrow Cu$
Cu極　$Cu \longrightarrow Cu^{2+} + 2e^-$

Zn極が銅メッキされる

ダニエル電池を充電したら？

ダニエル電池の最大の特徴は、負極（亜鉛）室と正極（銅）室が仕切られ、それぞれに異なった電解質、すなわち硫酸亜鉛$ZnSO_4$水溶液と硫酸銅$CuSO_4$水溶液が入っていることです。

これを充電してみましょう。負極では亜鉛極から電子が溶液中に流れ出します。溶液中にあるのは亜鉛イオンZn^{2+}と水から来たH^+です。この場合、イオン化傾向から考えたらイオン化傾向の小さいH^+が電子を受け取って還元されて水素ガスH_2が発生すると考えられます。

しかし、H^+は過電圧の関係で亜鉛の表面では発生しにくいです。そのため実際には、Zn^{2+}が還元され、亜鉛が金属として亜鉛極にメッキされます。一方、正極では銅が電子を銅極に渡して銅イオンCu^{2+}として溶け出していきます。

つまり、充電操作によって放電前の状態に戻るのです。これはダニエル電池が二次電池であることを示すものです。しかし、ダニエル電池には塩橋があり、ここを通じて

●ダニエル電池を充電した場合

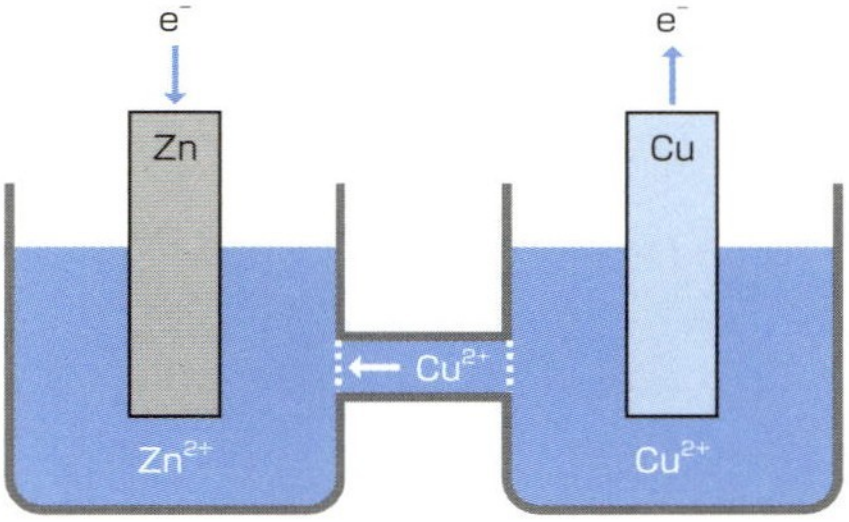

e⁻
e⁻
Zn
Cu
Cu²⁺
Zn²⁺
Cu²⁺

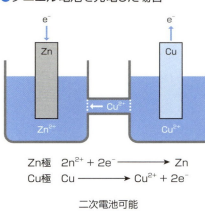

Zn極　$2n^{2+} + 2e^- \longrightarrow Zn$

Cu極　$Cu \longrightarrow Cu^{2+} + 2e^-$

二次電池可能

イオンが流通できます。つまり、銅極から銅イオンが流れ込み、亜鉛極にメッキされる可能性もあります。つまり、完全に元の状態に戻るわけではありません。

したがって、ダニエル電池は、充電はされるが、実用的な二次電池にはなれないということになります。

過電圧

水の電気分解で水素を発生させるには一定の電圧が必要です。この電圧は化学熱力学によって理論的に計算されます。しかし、実際に実験を行うと、この電圧より高い電圧を掛けないと水素は発生しません。この理論電圧と実験電圧の差を水素過電圧と言います。

水素過電圧は反応条件によって異なり、特に電極材料の影響が大きく影響します。亜鉛は大きく、白金Ptやパラジウムでは小さいです。このため、亜鉛電極では水素が発生する前に亜鉛が析出するのです。

乾電池を充電したら?

乾電池では2つの電極を囲む電解質がセパレータで分離されていますが、イオンの流通は可能です。したがって本質的にダニエル電池と同じ結果になります。つまり、数回は充電できるかもしれませんが、繰り返すうちに問題が起きます。また充電する電圧が高いと水素の過電圧を越えてしまい、この場合には水素が還元されて水素ガスとなります。乾電池の密閉容器の中で水素ガスが発生したら破裂です。

乾電池の充電器なる物が市販されているようですが、液漏れとかパンクとか、事故に繋がると警告されています。怪しげなものは使わない方が無難ということです。

SECTION 23

幻の二次電池

高性能が見込まれ、開発研究が行われたものの、危険で市販できなかった二次電池があります。

金属リチウム二次電池

リチウムイオン電池は大容量、高出力の優れた二次電池ですが、容量に対する要求は高まるばかりです。そのためより多くのリチウムイオンを蓄えることのできる電極材料が開発されています。その極限と言えるものが、金属リチウムそのものを使う金属リチウム二次電池です。

金属リチウムは金属リチウムを負極とした電池であり、金属リチウムLiから電子が放出され、正極で空気中の酸素O_2を還元することによって電流を発生します。金属リチウムそのものを電極とすると電極におけるリチウム濃度は非常に大きくなり、同じ体積なら大容量が稼げます。

問題点

しかし、金属リチウムを電極として使うと大きな問題が生じます。それはリチウム金属の樹状結晶が生成することです。金属リチウムを電極として使用すると、放電時にはリチウムが溶け出し、逆に充電時には溶けているリチウムイオンがそのまま金属として析出してきます。この時にリチウム金属が鋭い棘のような樹状結晶になるのです。

●リチウム

樹状結晶は電池のセパレータを突き破ってしまいます。これはショートを意味します。金属リチウム電池のような高エネルギー密度の電池においては致命的です。この問題を解決できない限り、金属リチウム二次電池を実用化することはできません。

解決法

この問題を解決するには2つの方法が考えられます。

一つはセパレータとして非常に堅い物質、例えば固体電解質、あるいはケブラーなどの硬い高分子を使う事です。もう一つは、そもそも樹状突起が生成しないようにすることです。そのために考えられているのがリチウムよりイオン化しやすい金属、例えばセシウムCsを混ぜることです。すると、樹状突起のところにLi^{+}とCs^{2+}が寄ってきますが、Cs^{2+}は金属になりにくいので陽イオンCs^{2+}のまま留まり、その静電反発のため、更にLi^{+}が近寄るのを妨げるのです。

幻の高機能二次電池、金属リチウム二次電池が実用化されるのも、近いかもしれません。

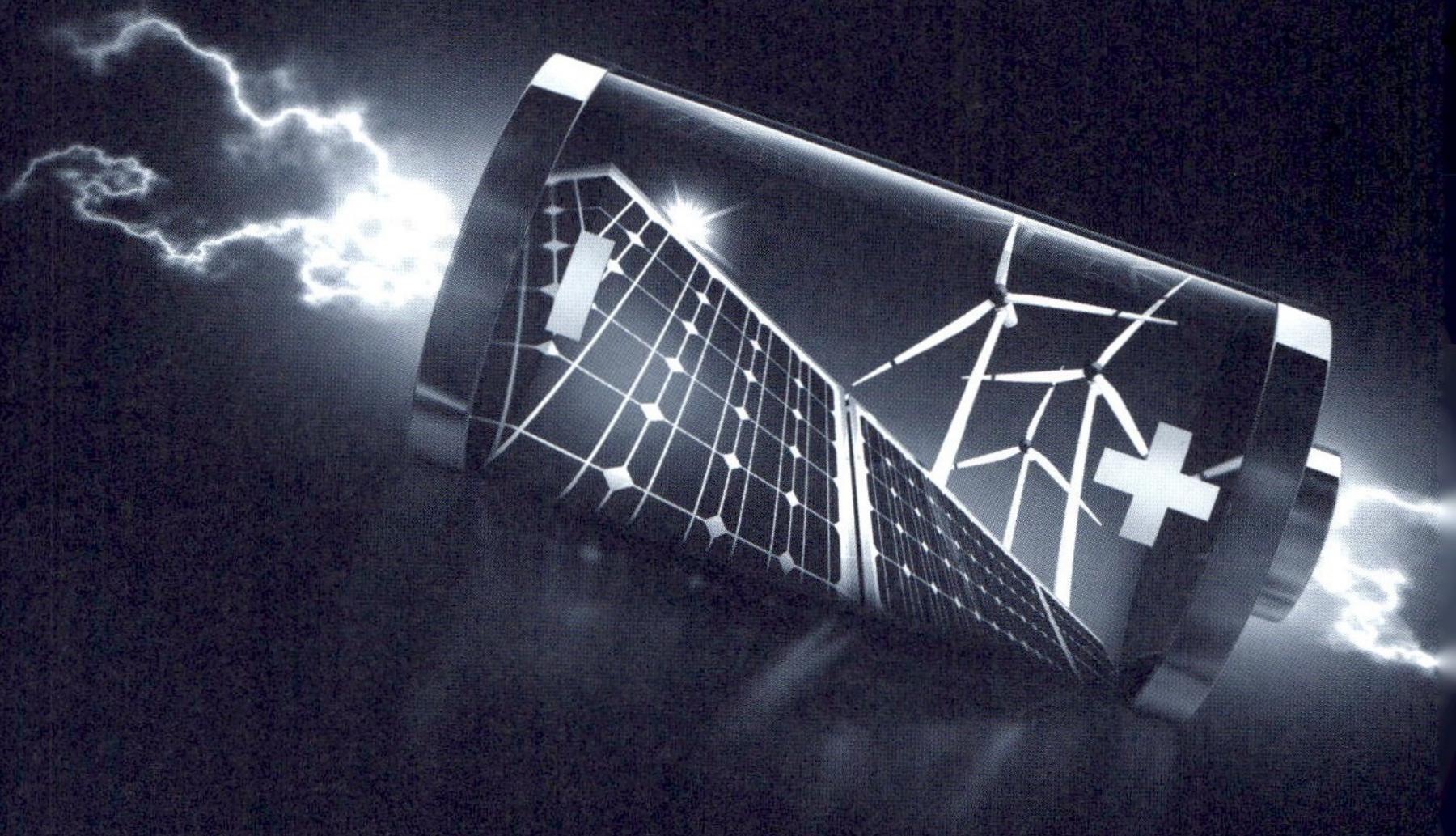

Chapter. 5
シリコン太陽電池

SECTION 24

太陽電池とは

産業革命以来、人類のエネルギー源として貢献してきた化石燃料が地球温暖化、資源枯渇という欠陥を明らかにし、化石燃料の代わりを務めるものと期待されていた原子力エネルギーも原子炉事故、使用済み燃料の安全保管という問題に直面した現在、再生可能エネルギーが一躍注目を集めています。

太陽光エネルギー

再生可能エネルギーと言うのは、使用しても自動的に再生産されるエネルギー、あるいは無尽蔵に使えるエネルギーの事を言います。魔法のエネルギーのようですが、魔法でも何でもありません。当たり前のエネルギーです。

❶再生可能エネルギー

木材は燃料としてエネルギー源ですが、燃えて二酸化炭素になっても次世代の植物が光合成によって再生産します。

潮力は月と地球の関係が破産しない限り存続しますし、地熱も多分、地球が存在する限り存続するでしょう。風力や波力は太陽熱によるものであり、太陽が存在する限り存続します。このようなエネルギーが無尽蔵と言われるエネルギーになります。

無尽蔵に存在するエネルギーとして注目されるのが太陽光のエネルギーです。

❷光エネルギー

光は光子の集まりですが、1個1個の光子の挙動は波で近似することができます。つまり、光は電波などと同じ電磁波の一種と考えることができます。したがって波長λ（ラムダ）と振動数ν（ニュー）を持ちます。そして、この積が光速cとなります。

●光の速さとエネルギー

$$c = \lambda \nu$$

$$E = h\nu = ch / \lambda \qquad (h\text{：プランクの定数})$$

光子はエネルギーEを持ちますがそれは振動数に比例し、波長に反比例します。

電磁波の波長は短いものから長いものまでいろいろありますが、人間の目に見える可視光線は波長が４００～８００ｎｍの範囲に限られます。この間に虹の七色の光が全て入ることになります。青い光は波長が短いので高エネルギー、赤い光は波長が長いので低エネルギーと言うことになります。

青い光より波長の短い光は紫外線と呼ばれ、日焼けの原因になります。更に短いとX線、γ（ガンマ）線となり、生命を脅かします。一方、赤い光より更に長い光は赤外線と呼ばれ、目には見えませんが皮膚は熱として感じることになります。これより更に長いと電波となります。

●電磁波の種類

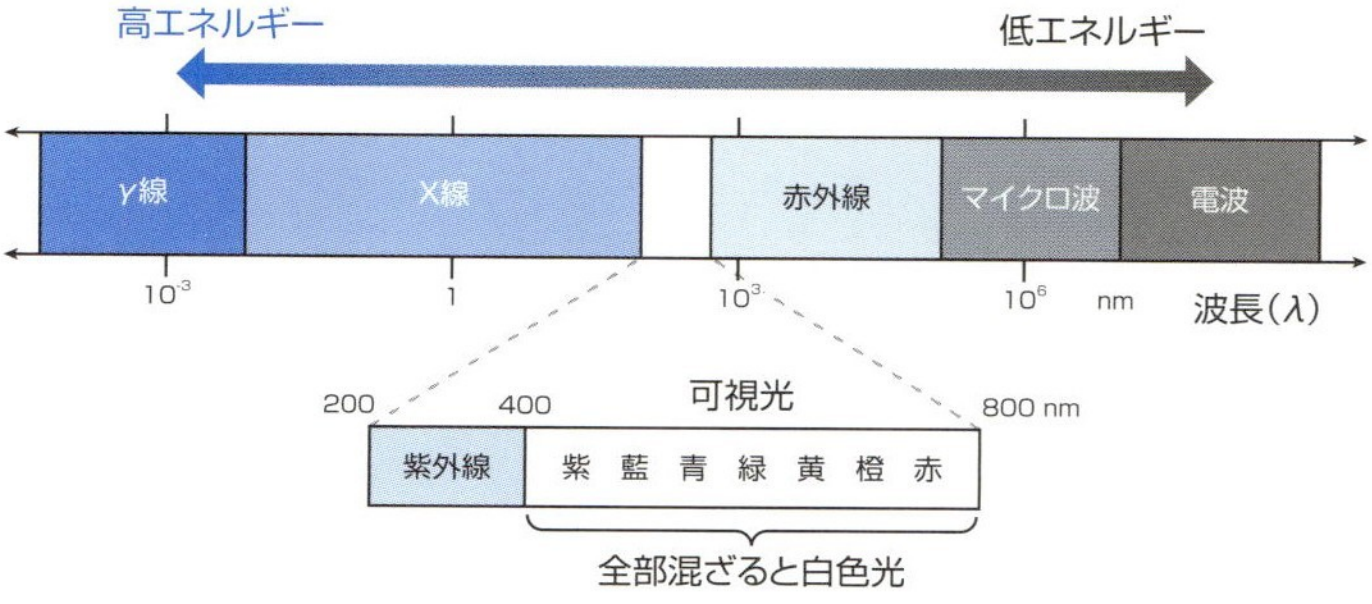

高エネルギー
低エネルギー
γ線
X線
赤外線
マイクロ波
電波
10^{-3}
1
10^{3}
10^{6}
nm
波長（λ）
200
400
可視光
800 nm
紫外線
紫 藍 青 緑 黄 橙 赤
全部混ざると白色光

太陽電池

太陽電池は、太陽の放つこの可視光線のエネルギーを電気エネルギーに変換する装置です。後の説明のために、ここで太陽電池の構造を見ておきましょう。

❶シリコン太陽電池の構造

最も一般的な太陽電池であるシリコン太陽電池の構造、それは図のようなものです。あまりに単純で驚かれるのではないでしょうか。これは初歩的な説明のために簡略化した図というものではありません。本当にこれだけなのです。

構造は4種の板状のものを重ねただけで

●シリコン太陽電池の構造

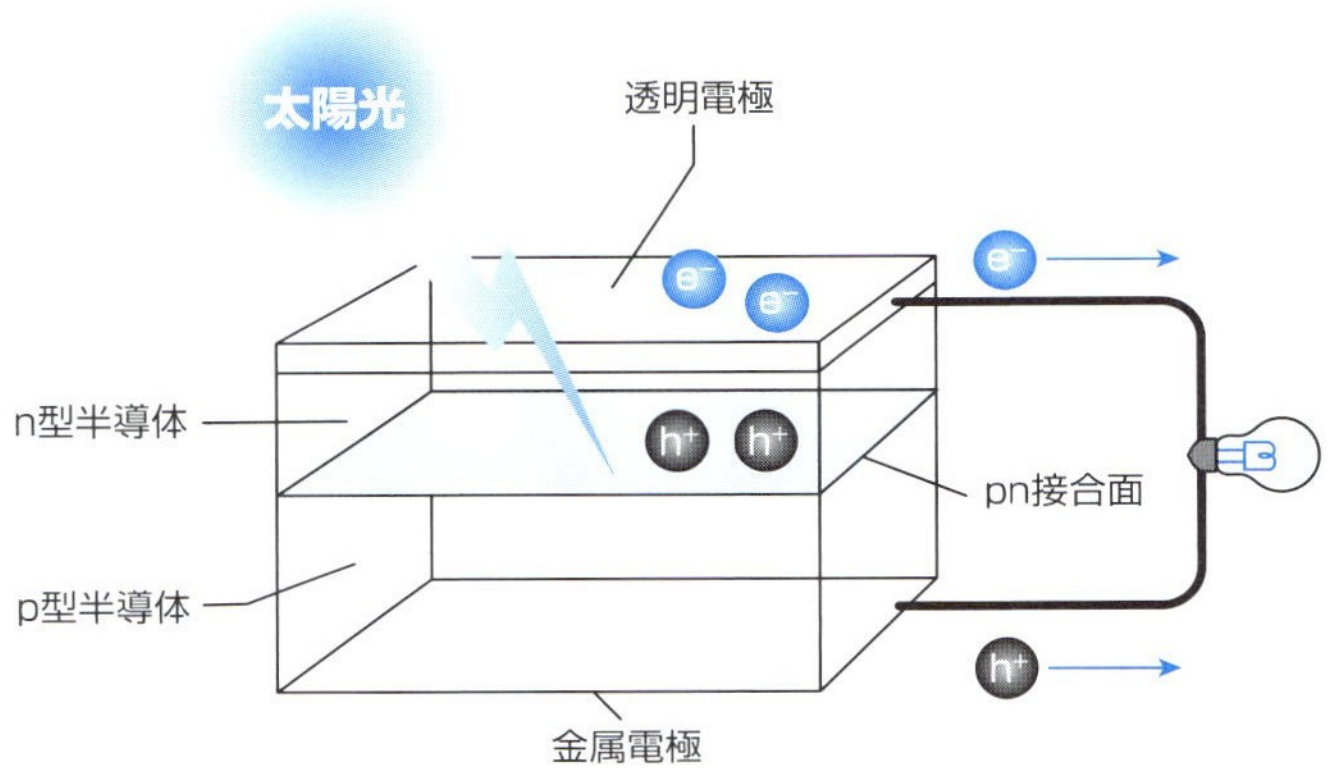
太陽光
透明電極
n型半導体
pn接合面
p型半導体
金属電極
e⁻
h⁺

す。しかもそのうち2枚は電極です。つまり太陽電池本体とも言うべきものはたったの2枚、n型半導体とp型半導体だけです。

❷シリコン太陽電池の起電機構

この太陽電池に透明電極の側から光を当てると、光は透明電極と薄いn型半導体を通り抜けてpn接合面と言う2枚の半導体の合わせ目に達します。するとこの合わせ目で電子e^-が発生し、これがn型半導体を通って負極から外部回路を通って正極に達し、電流となるのです。正極に達した電子はp型半導体を通ってpn接合面に戻ります。

全ては元に戻るだけです。何の化学反応も起こっていません。何の変化も起こっていません。

太陽電池の長所

太陽電池は多くの長所を持っています。それが無かったら、これほど話題になり、多くの家庭に使用されるはずはありません。その長所を見てみましょう。

❶ メンテナンスフリー

一番の長所は構造が簡単で維持管理が簡単ということでしょう。太陽電池の説明で強調した通り、太陽電池は電流(電気)を発生しますが、太陽電池には何の変化も起こりません。太陽電池はガラスや瀬戸物のような物です。一度作ったら、割れない限り壊れません。あり得る故障は石が飛んできて割れた、鳥のウンチで汚れた、あるいは配線が切れたと言うようなものです。

ということは太陽電池には故障が起こらず、修理もとくに必要ない、すなわちメンテナンスフリーであるということです。

❷ 環境に優しい

太陽電池は燃料、すなわち消費する物がありません。当然廃棄物もありません。水素燃料電池は廃棄物が「水」だと言うことをセールスポイントにしていますが、太陽電池は廃棄物が無いのです。これ以上のクリーンエネルギーはありません。

❸ 地産地消

太陽電池は「ガラスのような電池」を「光の当たる所」にセットすれば直ちに電気を起こします。街灯の傘に太陽電池をセットすれば、それだけで夜になれば明かりを灯します。普通ならば遥か彼方の発電所から電線を引き、変電所を介して電力を運ばなければなりません。そのための電線設置の費用、そのメンテナンス費用、電線による電力ロス、これらは大変な費用になります。

太陽電池は電気を使いたい所で発電できます。地産地消の電力です。無人島の灯台、海上のブイ、高速道路の警告灯など、人が行きにくい場所でも問題なく電力を供給してくれます。

太陽電池の短所

太陽電池にも短所はあります。それはどのようなものでしょう。

❶ 発電量が小さい

太陽電池の欠点の最大のものは発電量が小さいと言うことでしょう。普通の家庭なら、屋根一面に太陽電池を設置しても、その家庭の電力をまかなうことができるかどうかと言うところです。しかしまた、ゴビ砂漠一面に太陽電池を設置したら、世界中の電力をまかなうことができるとの試算もあります。

❷天候依存

太陽電池は、太陽光が当たらなければ発電できません。ビルの影になった家での発電は不可能です。また、雨の日は発電できず、曇りの日も効率は落ちます。つまり、発電量が天候任せというのも大きなデメリットです。

❸直流電流

太陽電池は電池ですから、作る電流は直流です。しかし、一般の電気器具は交流仕様です。したがって直流を交流に換えるインバーターが必要です。インバーターは電気機器です。故障も起こすでしょうし、メンテナンスも必要です。

❹ 高価

一般家庭で使う太陽電池はシリコン（ケイ素）を用いたものです。ケイ素は地殻中に酸素に次いで存在量が多い元素です。したがって資源枯渇の心配はありません。しかし、太陽電池やシリコンは高価です。なぜでしょう？　この理由は後に見ることにしましょう。

●太陽電池

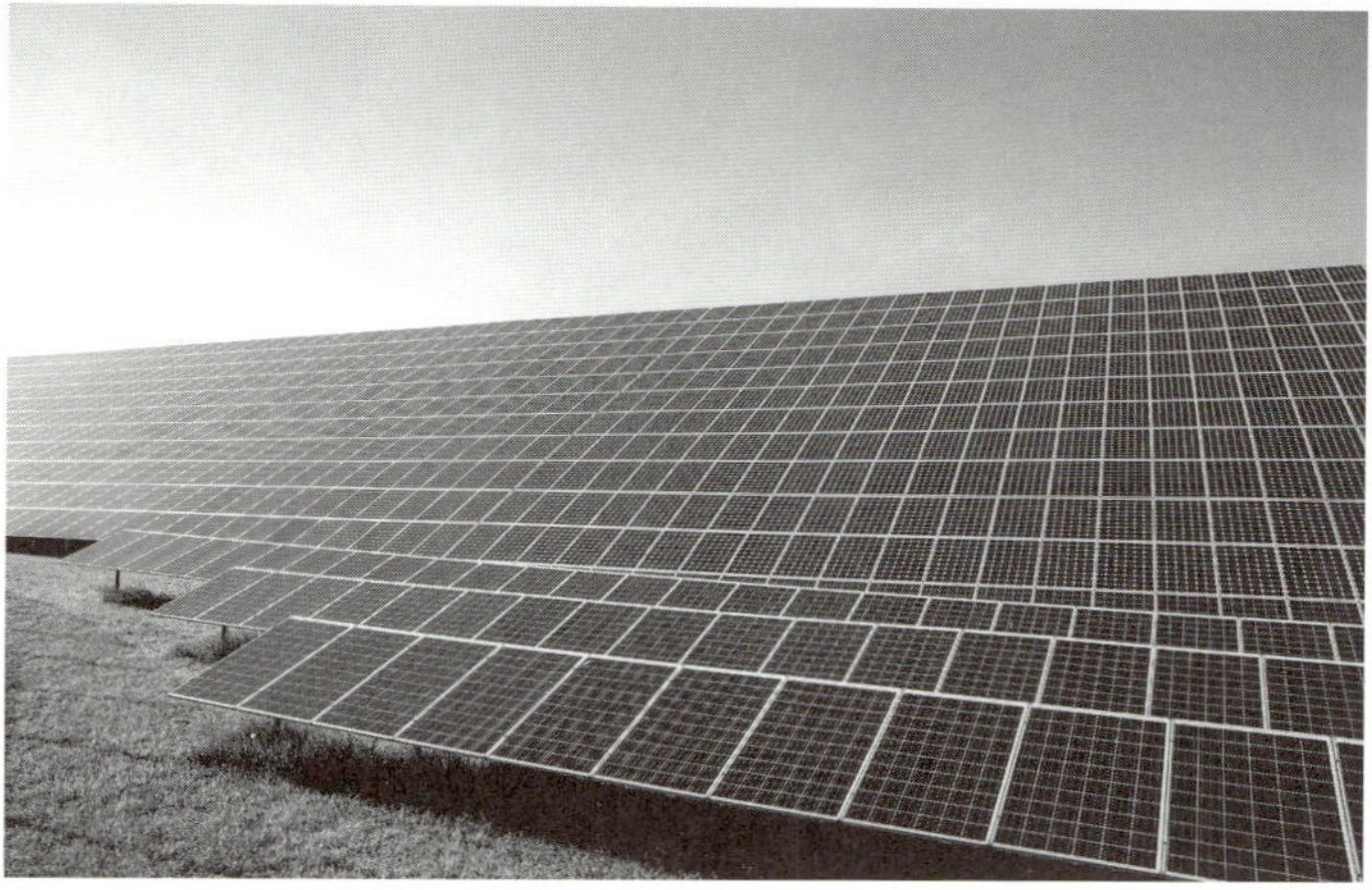

SECTION 25

p型半導体とn型半導体

太陽電池は半導体の塊ですが、その半導体はp型半導体とn型半導体と言うものです。これはどのような半導体なのでしょうか?

半導体の種類

半導体にはいろいろの種類があります。基本的なものは元素そのものが半導体と言うもので、これは元素半導体、真正半導体あるいはintrinsic（真正）の頭文字をとってi-半導体などと呼ばれます。これにはシリコン、ゲルマニウムなどがあります。

しかし、真正半導体は伝導度が低く、太陽電池には向きません。そこで少量の添加物（不純物）を混ぜて性質を改変することがあります。このような半導体を一般に不純物半導体と言います。一般にp型半導体、n型半導体と言われるものはこの種類になります。

不純物半導体を進めたものが化合物半導体です。これは半導体以外の元素を組み合わせて半導体にしたものです。ただし、この組み合わせにおける原子数の比がきちんと化合物を作る組み合わせになっているので化合物半導体と言います。これに関しては後に化合物半導体太陽電池の解説で詳しく見ることにします。

シリコンの電子状態

この問題を考える時には周期表の知識が必要になります。簡単に見ておきましょう。

●図A　長周期表

周期↓ 族→	1	2	3	4	5	6	7	8	9	10	11	12	13	14	15	16	17	18
1	H																	He
2	Li	Be											B	C	N	O	F	Ne
3	Na	Mg											Al	Si	P	S	Cl	Ar
4	K	Ca	Sc	Ti	V	Cr	Mn	Fe	Co	Ni	Cu	Zn	Ga	Ge	As	Se	Br	Kr
5	Rb	Sr	Y	Zr	Nb	Mo	Tc	Ru	Rh	Pd	Ag	Cd	In	Sn	Sb	Te	I	Xe
6	Cs	Ba	Ln	Hf	Ta	W	Re	Os	Ir	Pt	Au	Hg	Tl	Pb	Bi	Po	At	Rn
7	Fr	Ra	An	Rf	Db	Sg	Bh	Hs	Mt	Ds	Rg	Cn	Nh	Fl	Mc	Lv	Ts	Og

ランタノイド	La	Ce	Pr	Nd	Pm	Sm	Eu	Gd	Td	Dy	Ho	Er	Tm	Yb	Lu
アクチノイド	Ac	Th	Pa	U	Np	Pu	Am	Cm	Bk	Cf	Es	Fm	Md	No	Lr

❶長周期表と短周期表

図Aは見慣れた周期表です。これを長周期表と言います。表の上に1～18までの数字が振ってあります。これは族を表す数字で、例えば数字4の下に縦に並ぶ元素を4族元素と言います。同じ族の元素は互いに似た性質を示します。半導体元素のシリコンSi、ゲルマニウムGeは14族元素であることに注意してください。

原子の性質は価電子と言う電子によってよって支配されますが、14族原子は4個の価電子を持っています。それに対してホウ素B等の13族元素は1個少ない3個、反対にリンP等の15族原子は1個多い5個の価電子を持っています。

図Bは短周期表と言われるものでです。30年ほど前までは教育現場で用い

●図B　短周期表

	I A　B	II A　B	III A　B	IV A　B	V A　B	VI A　B	VII A　B	O	VIII
1	1 H							2 He	
2	3 Li	4 Be	5 B	6 C	7 N	8 O	9 F	10 Ne	
3	11 Na	12 Mg	13 Al	14 Si	15 P	16 S	17 Cl	18 Ar	
4	19 K 29 Cu	20 Ca 30 Zn	21 Sc 31 Ga	22 Ti 32 Ge	23 V 33 As	24 Cr 34 Se	25 Mn 35 Br	36 Kr	26 27 28 Fe Co Ni
5	37 Rb 47 Ag	38 Sr 48 Cd	39 Y 49 In	40 Zr 50 Sn	41 Nb 51 Sb	42 Mo 52 Te	43 Tc 53 I	54 Xe	44 45 46 Ru Rh Pd
6	55 Cs 79 Au	56 Ba 80 Hg	57～ 71La 81 Tl	72 Hf 82 Pb	73 Ta 83 Bi	74 W 84 Po	75 Re 85 At	86 Rn	76 77 78 Os Ir Pt
7	87 Fr	88 Ra	89～ 103Ac						

ランタノイド	57 La	58 Ce	59 Pr	60 Nd	61 Pm	62 Sm	63 Eu	64 Gd	65 Td	66 Dy	67 Ho	68 Er	69 Tm	70 Yb	71 Lu
アクチノイド	89 Ac	90 Th	91 Pa	92 U	93 Np	94 Pu	95 Am	96 Cm	97 Bk	98 Cf	99 Es	100 Fm	101 Md	102 No	103 Lr

られていた周期表ですから、ご年配の方は覚えておられるでしょう。この周期表では、シリコンは4族(Ⅳ族)になっています。ホウ素Bは3族、リンPは5族です。つまり、族の数字と価電子の個数が一致しています。このため、半導体の名前を付ける時には短周期表を基にすることがあります。

❷シリコンの結合状態

一般に原子は価電子を8個持った状態が安定であることが知られています。これを8隅子状態と言います。

図はシリコンの結合状態を模式的に表したものです。シリコン原子が単独でいる時には価電子の個数は4個です。しかし結合すると各シリコン原子の周囲には8個の電子が存在しています。これは隣り合った原子の間で互いの価電子を持ち合うことによって成立している状態です。このような結合を共有結合と言います。

●シリコンの結合状態

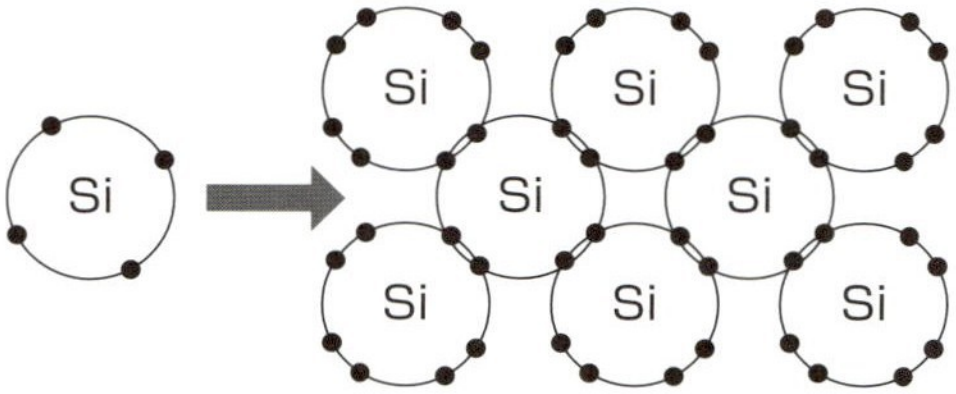

Si
Si
Si
Si
Si
Si
Si
Si
Si

n型半導体とp型半導体

シリコンに不純物としてリンPやホウ素Bを混ぜてみましょう。それぞれの価電子は図に示したように5個、3個です。

❶ n型半導体

まずリンを混ぜた結合状態を図に示しました。リンの周囲にある価電子は5個となっています。これが安定な8隅子状態になるためには1個の価電子を放出しなければなりません。電子を放出したリンは+に荷電することになります。

このようにして放出された電子は、どの原子に属するということの無いまま自由電子となって周囲を放浪します。実は金属の場合と同じように、この自由電子が移

●n型半導体

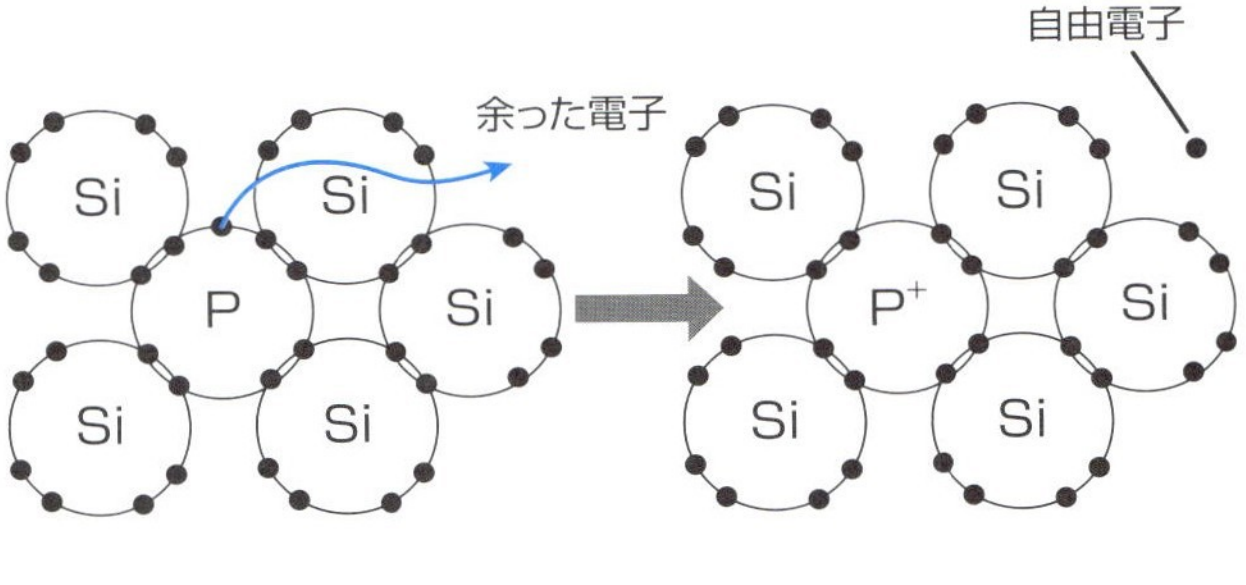

自由電子
余った電子
Si
P
P+

動することが電流になるのです。

　このようにして作った不純物半導体は、元のシリコン半導体より価電子が多いので、陰性(negative)と言うことでn型半導体と呼ばれます。n型半導体の電子状態の模式図を示しました。

❷ p型半導体

　次にホウ素を混ぜてみましょう。図からわかる通り、ホウ素原子の周囲には価電子が3個しかありません。足りない価電子を白丸で示しました。これを特に正孔と言い、記号h^+で表すことがあります。

　ホウ素を8隅子にして安定化させるために周囲のシリコンから価電子が1個移動してきます。すると、今度はシリコンにh^+が現われます。つまり、正孔h^+が移動したのです。これは電子が移動したと考えても同じことです。

●n型半導体の電子状態の模式図

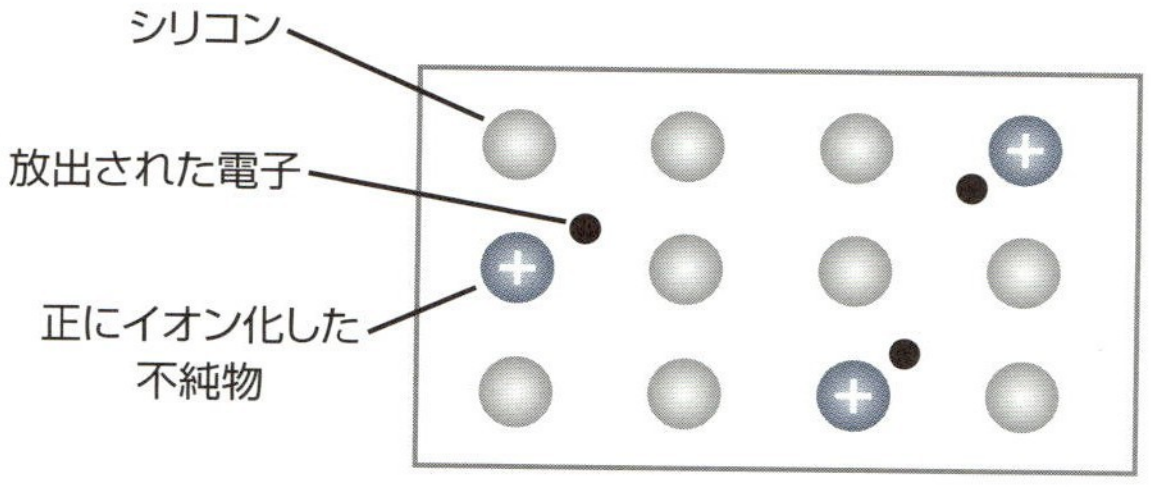
シリコン
放出された電子
正にイオン化した
不純物

つまり、電子が移動しても、正孔が移動しても電流が流れるのです。ただし、電流の方向は逆です。つまり、電子の移動方向と電流の方向は逆でしたが、正孔の場合にはその移動方向は電流の方向と同時になります。

この半導体ではシリコン半導体より電子が少ないので陽性（positive）ということでp型半導体と呼ばれます。

●p型半導体

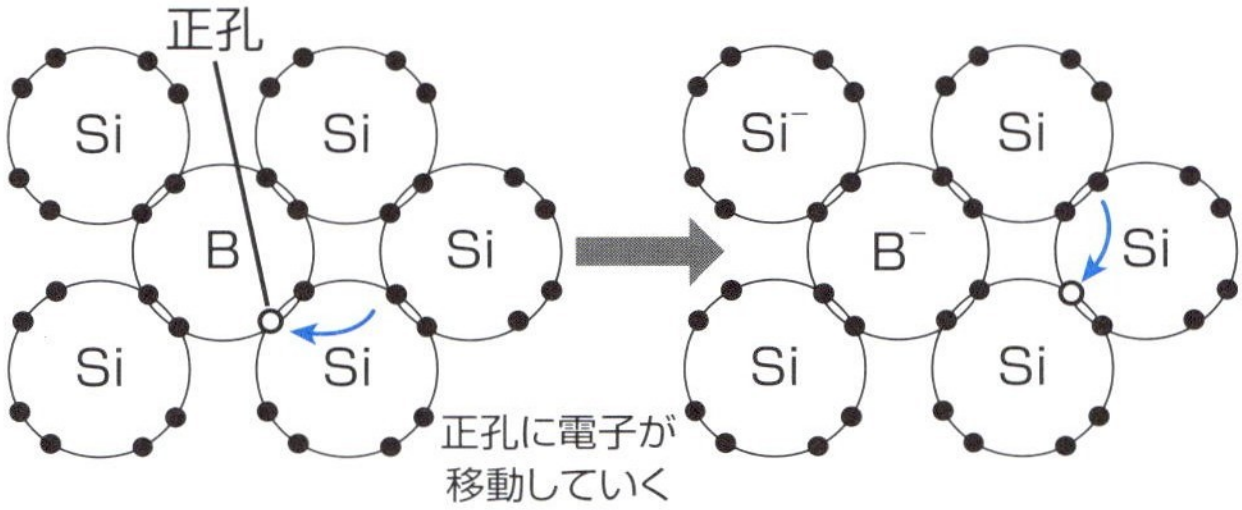
正孔
Si
Si
B
Si
Si
Si
正孔に電子が
移動していく
Si⁻
Si
B⁻
Si
Si
Si

●p型半導体の電子状態の模式図

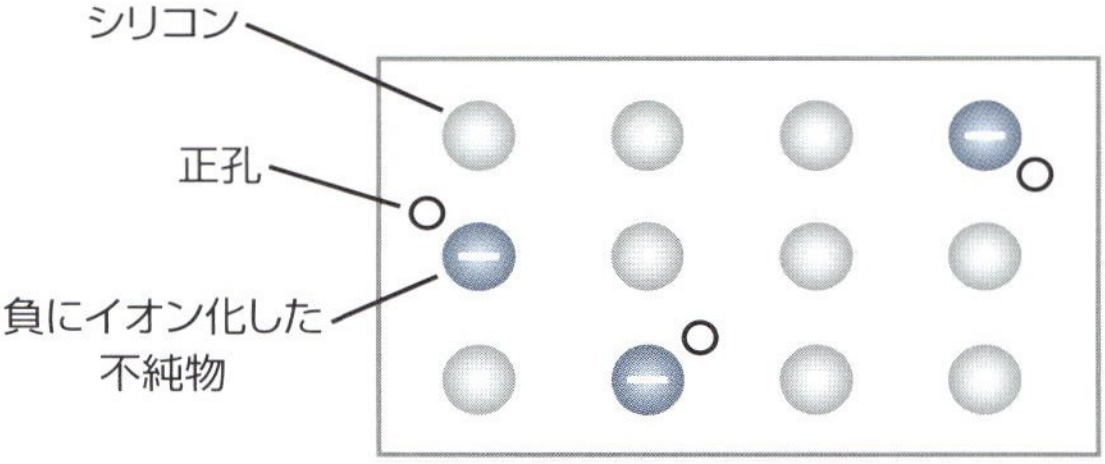
シリコン
正孔
負にイオン化した
不純物

SECTION 26

ｐｎ接合の電気状態

ｐ型半導体とｎ型半導体の合わせ目をｐｎ接合と言います。ｐｎ接合はシリコン太陽電子にとって命です。簡単に言えば、ｐｎ接合さえあれば電気は起こるのです。ｐｎ接合はどのような電子状態なのかを見ておきましょう。

ｐｎ接合の作り方

ｐｎ接合と言うのはｐ型半導体とｎ型半導体が接している、その境目のことを言います。この境目で大切なのは両半導体の原子が、原子レベルで接していなければならないと言うことです。2枚の半導体を重ねた程度では話になりません。接着剤で貼り付けたら接着剤が邪魔になって両半導体は永久に離れたままです。半導体は熱に弱いですから鉄板熔着のように加熱して融かして接合すると言うのも無理です。それではどのようにして接合するのでしょう?

簡単です。p型半導体を作ります。この半導体にリンの蒸気を吸収させるのです。すると、p型半導体にリンが浸みこみます。この浸み込んだ部分がn型半導体になり、結果的にpn接合完成ということになります。したがって、太陽電池のn型半導体の部分は本当に薄い部分だけとなります。そのため、光も透過するのです。

電子と正孔の衝突

p型半導体には正孔があり、n型半導体部分には電子が余っています。この両部分が接したら、電子と正孔が衝突します。プラスの荷電を持った正孔とマイナスの荷電を持った電子が衝突したら、両者はエネルギーを発して消滅してしまいます。この現象を再結合といいます。すなわち、接合面の近くでは正孔も電子も存在しない領域ができることになります。

この結果、接合面の近くのp型半導体内では正孔が消えたため、マイナスに荷電した原子だけが残り、マイナスに荷電した状態となります。全く同様にn型半導体では電子が消滅したため、プラスに荷電した原子だけが残り、プラスに荷電した状態となります。

電界の誕生

接合面の近くでは正孔と電子は互いに衝突して消滅しますが、全てが消滅するわけではありません。接合面を離れたところには正孔と電子が存在します。

もしp型半導体の正孔が、正孔の無くなった接合面近くへ移動したらどうなるでしょう? 同様にn型半導体の電子も移動し、それぞれ衝突

●pn接合

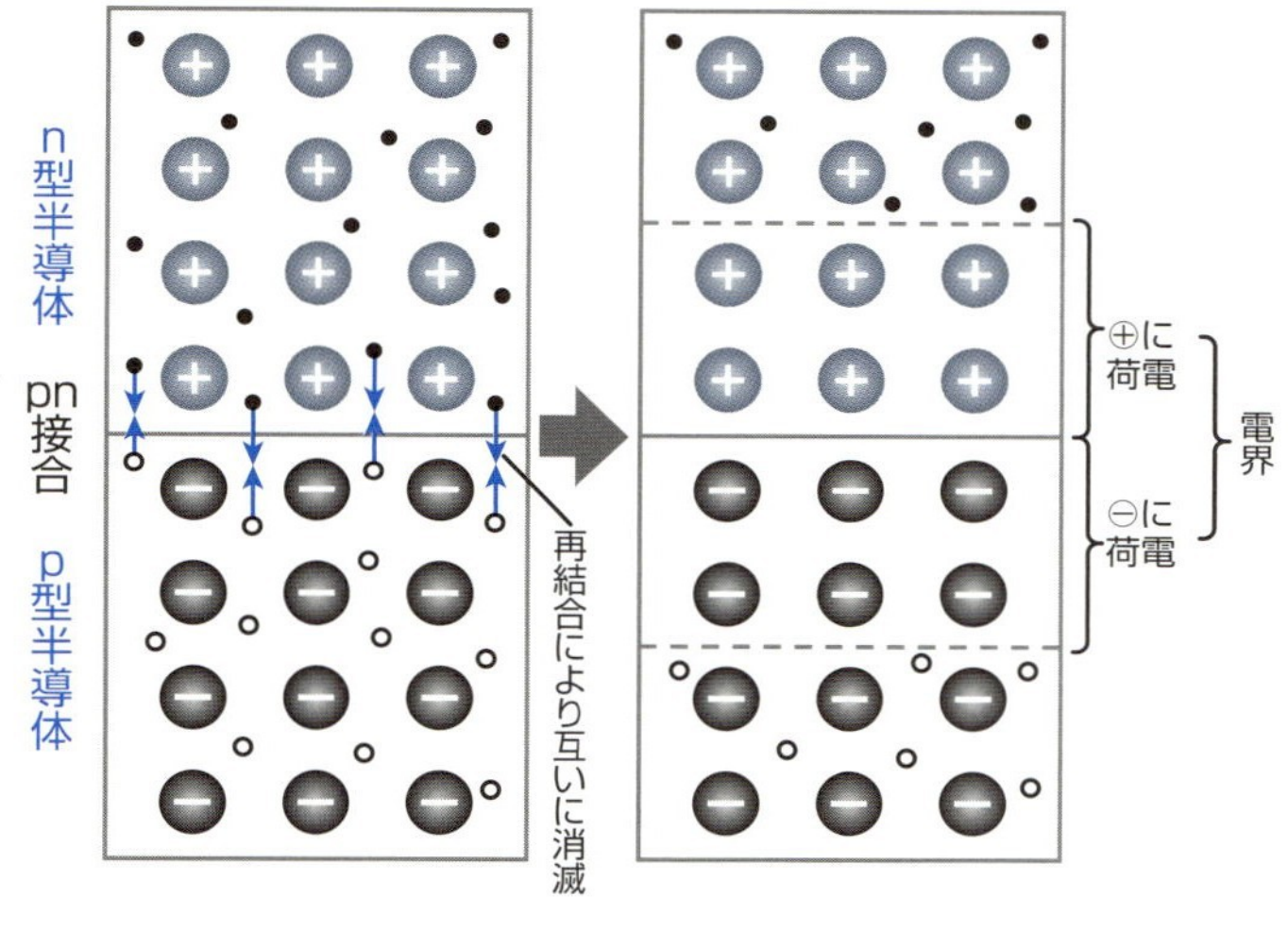

n型半導体
pn接合
p型半導体
再結合により互いに消滅
⊕に荷電
⊖に荷電
電界

したら全ての正孔と電子が消えてしまいます。

しかし、心配ご無用です。接合面の反対側にはプラスに荷電したn型半導体の原子が待っています。結局、このプラス原子と正孔の間でプラス電荷同士の静電反発が起き、正孔は接合面に近づくことはできません。n型半導体の電子にも全く同じ状況が起こります。

この結果、接合面近くではp型半導体がマイナスに、n型半導体がプラスに荷電した電界ができることになります。この電界が太陽光発電に大きな働きをするのです。

SECTION
27

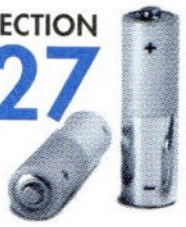

シリコン太陽電池の起電

シリコン太陽電池に光が当たったらどのような現象がおき、どのようにして電気が発生するのか、その機構を見てみましょう。

正孔と電子の発生

シリコン太陽電池に光(光子)が当たると、pn接合面にあるシリコンを結合させている価電子がそのエネルギーをもらいます。エネルギーをもらって高エネルギーになった価電子はシリコン原子の束縛を払い去って自由電子e^-となって飛び出します。飛び出した後は正孔h^+となります

正孔はn型半導体の方に移動しようとしても、n型半導体にあるプラスに荷電した原子によって反発され、結局、p型半導体部分に集まらざるを得なくなります。全く

同様にして電子はn型半導体部分に集まります。

このようにしてプラス電荷はp型半導体に集まり、マイナス電荷はn型半導体に集まります。すなわち、p型半導体はプラスに、n型半導体はマイナスに荷電します。

これは電気が発生したことを意味します。両方の電極を電線で結べば電子は負極の透明電極から外部へ流れ、正孔は正極の金属電極から外部へ流れ、電流が発生します。

電線の途中に電灯を繋げばそこで正孔と電子が合体してエネルギーを発生し、電灯を灯すことになります。これが太陽電池の起電原理なのです。

●シリコン太陽電池の起電

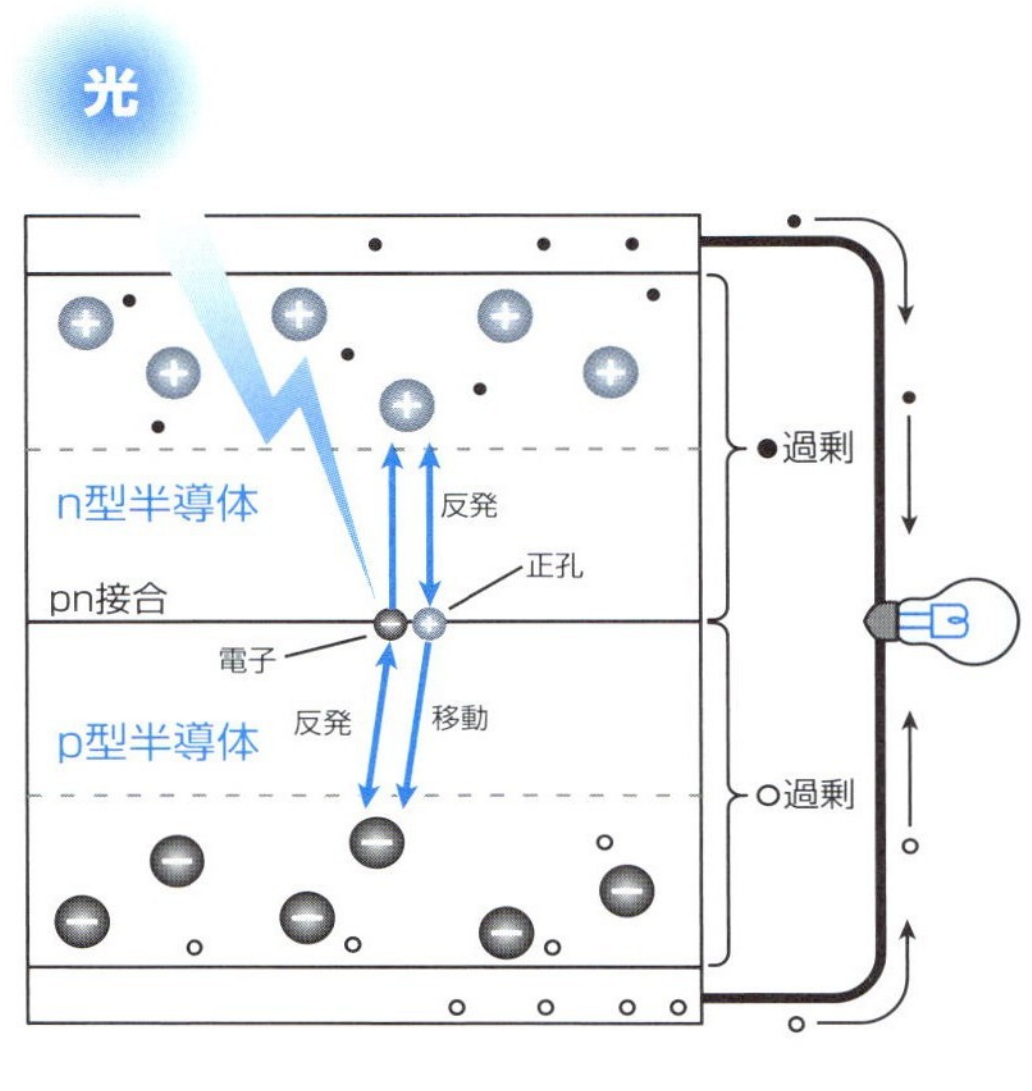
光
●過剰
n型半導体
反発
正孔
pn接合
電子
p型半導体
反発
移動
○過剰

SECTION 28

シリコン太陽電池の問題点

太陽電池には多くの種類がありますが、現在一般に使われている種類は、ほとんど全てが本書でここまでに紹介したシリコンを主材料としたシリコン太陽電池です。この太陽電池は優れたものですが、足りない点もあります。それを見てみましょう。

変換効率

科学的、技術的に見た場合、太陽電池の一番の能力は、太陽光エネルギーの何%を電気エネルギーに換えることができたのかという割合です。一般に、発電システムが入力されたエネルギーのうち何%を電力に換えることができたかを変換効率と言います。いくつかの発電システ

●変換効率

形式	変換効率（%）
水力発電	80～90
火力発電	40～43
風力発電	<59
燃料電池	30～70
太陽電池	5～40
原子力発電	33

ムのおよその変換効率は表のとおりです。

水力発電の効率の良さには驚くばかりですが、太陽電池にも驚かれるのではないでしょうか？ 5～40％という数字は、騒がれる割には良いとは言えません。

この数字の背後には太陽電池の歴史の浅さが込められています。しかも歴史が浅いのに、いくつもの種類が出ています。歴史の古いものは研究を重ねて数値も高くなり、新しいものは数値が低いということにしておきましょう。

ところで、太陽電池として最も歴史が古く、実績も多いシリコン太陽電池の変換効率は、実験室の理想的な条件下で25％程度、一般家庭用では15％程度でしょう。後に見る有機太陽電池では5％程度です。しかし、工夫を重ねれば60％も可能と言われています。

シリコンの価格

シリコン太陽電池が普及しにくい理由の一つは価格です。もし、太陽電池を仕掛けた瓦が普通の瓦と同じ価格だったら、ほとんどの方は太陽電池瓦を採用するでしょう。

ところがそうならないのは太陽電池が高価だからです。いくら、太陽電池で発電した電力を買い取るからと言っても、設備投資が高く、しかも将来がはっきりしないのでは、設置に戸惑う方が出るのは当然です。

❶高純度シリコン

太陽電池の構造は、先に見たように簡単極まりないものです。資源としてのシリコンSiは地殻中に酸素に次いで2番目に多いもので、枯渇の心配はありません。それではなぜ、太陽電池は高価なのでしょうか?

それは、太陽電池の素材として要求されるシリコンの純度は、セブンナイン、つまり99.99999%と9が7個並ぶほどの純度が求められるということです。しかし、電子デバイスに要求されるシリコン純度はイレブンナイン、99.999999999%ですから、それに比べれば大したものではありません。ということで、太陽電池は電子デバイス用として規格から外れた物を用いるにしても、量が量だけに大変です。

シリコンは砂や土の成分、すなわち石英、酸化ケイ素SiO_2として産出します。純粋のシリコンSiを得るためには、SiO_2から酸素を除かなければなりません(還元)。このためにはSiO_2を炭(炭素)と反応させて、酸素を炭素に移す方法もありますが、現在では電気分解を用います。

しかし、この方法で得たシリコンの純度は未だ95%程度に過ぎません。これを100%近くの純度に持って行くには、化学的、物理的な操作が必要になります。

❷ 単結晶シリコン

太陽電池が必要とするシリコンは、純度が高いだけではありません。「単結晶」でなければならないというのです。単結晶と言うのは塊全体が一つの結晶と言うことです。全ての金属は結晶です。しかし、単結晶の金属はありません。全ての金属は細かい単結晶が集まった「多結晶」なのです。

ルビーは宝石です。その化学的組成は酸化アルミニウム(アルミナ)Al_2O_3であり、単結晶です。キッチンのお鍋の表面もアルミナです。しかし単結晶ではありません。多結晶です。

単結晶シリコンを作るには高純度シリコンを加熱して融かし、その中にタネと言われる単結晶シリコンを糸で吊るして入れ、それを徐々に引きあげていきます。するとそのタネの下に単結晶シリコンが成長して行くのです。

この方法は人造ルビーを作るのと同じ方法です。つまり、太陽電池のための単結晶シリコンを作るのは宝石のルビーを作るのと同じ技術、労力、エネルギーを要するのです。

実際の太陽電池用の高純度シリコン単結晶を作る際には少量のホウ素を混ぜた状態で単結晶を作ります。

この単結晶から薄いｐ型

●単結晶シリコンの作り方

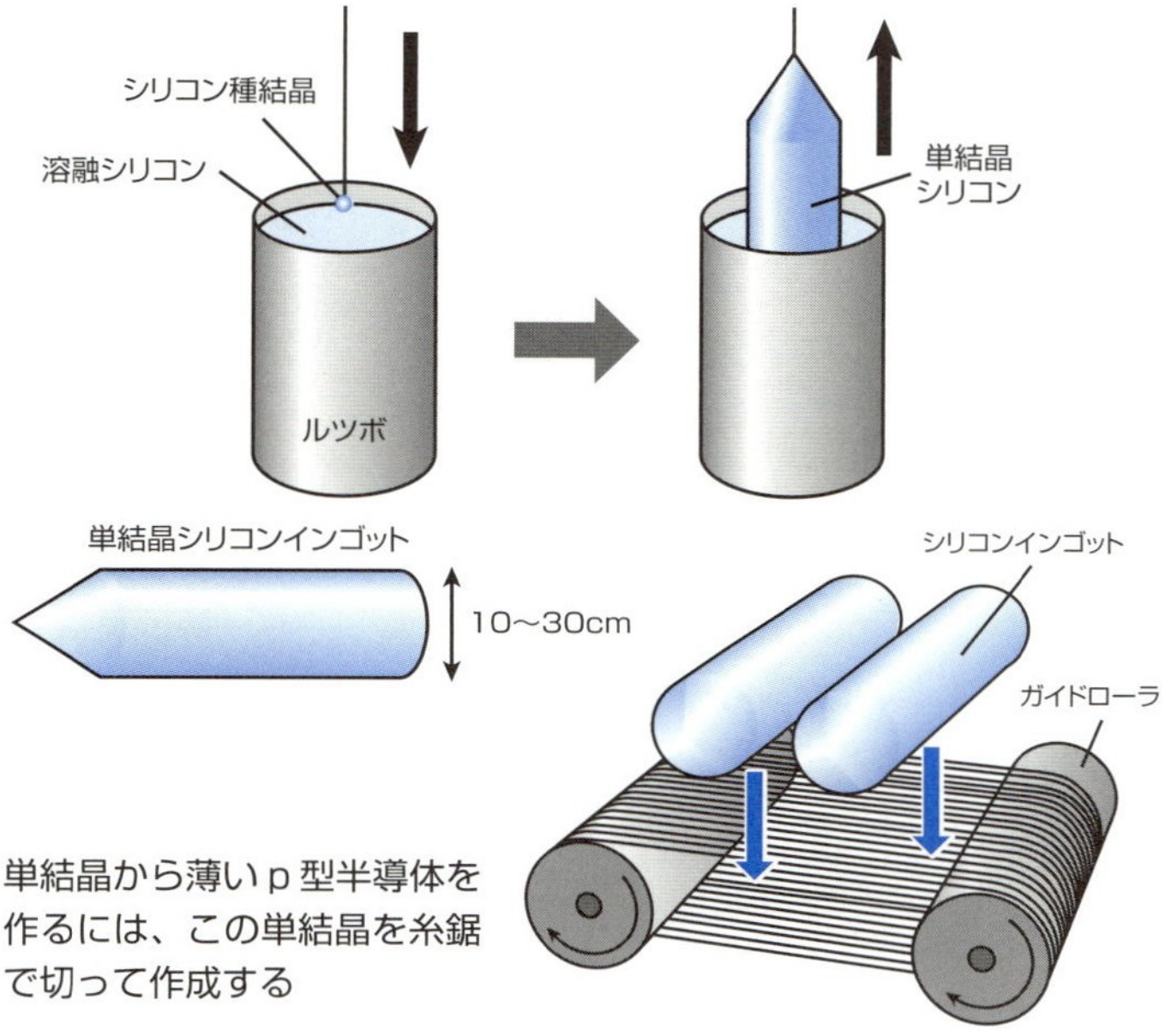
シリコン種結晶
溶融シリコン
ルツボ
単結晶
シリコン
単結晶シリコンインゴット
10〜30cm
シリコンインゴット
ガイドローラ
単結晶から薄いｐ型半導体を作るには、この単結晶を糸鋸で切って作成する

半導体を作るには、この単結晶を糸鋸で切ることになります。多量のノコクズが出ますが、仕方がないのでしょう。

❸ 多結晶シリコン

シリコンの純度を下げるわけにはいきませんが、単結晶をどうにかしようとして考案されたのが多結晶シリコンです。これは金属と同じように細かい結晶が混じったものです。作り方は簡単です。高純度シリコンを融かした物を型に入れて固めるだけです。先の単結晶シリコンのノコクズも利用できます。

❹ 薄膜シリコン

シリコンに掛かる費用を抑えるにはシリコンの量を少なくすれば良い、そのような発想から出たのがシリコンを薄い膜状にした薄膜シリコンです。これは電極の上にシリコンを真空蒸着したものです。

真空蒸着をする時の条件によって、シリコンは微結晶状態（多結晶

●シリコンの太陽電池の変換効率

シリコン太陽電池	単結晶	15〜25%
	多結晶	13〜16%
	アモルファス	6〜10%

の細かい物）やアモルファス状態（結晶にならない、ガラス状シリコン）になります。前者を微結晶型、後者をアモルファス型と言うこともあります。

しかし、多結晶や薄膜状のシリコンを用いた太陽電池は価格は安くなりますが、性能は落ちます。

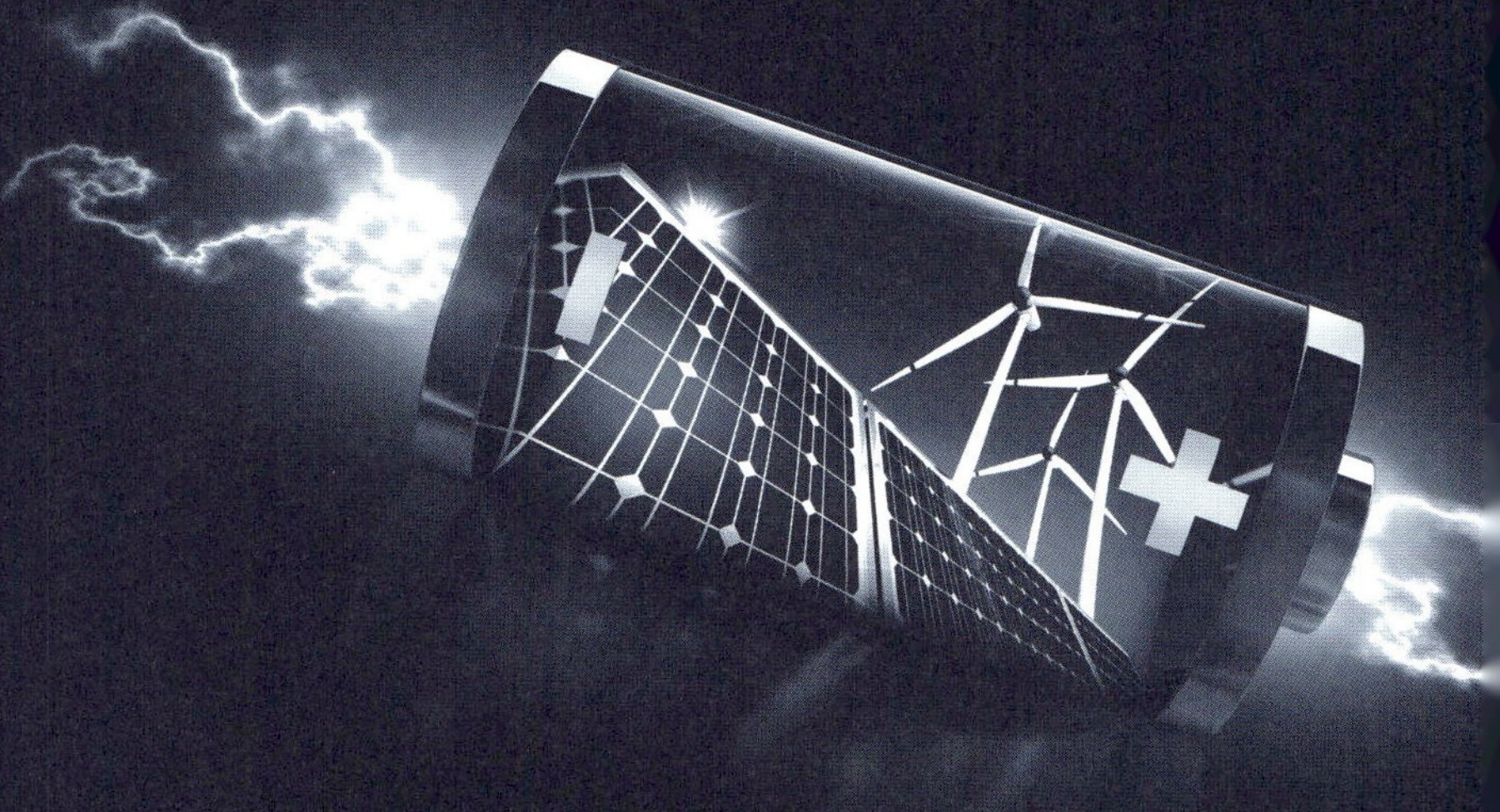

Chapter. 6
進んだ太陽電池

SECTION 29

化合物半導体太陽電池の原理

化合物半導体太陽電池とは、シリコンを使わない太陽電池の事を言います。半導体はシリコンではなく、数種類の原子を化学反応させて作ります。化学反応というのは合金ではありません。合金と言うのは数種の金属を任意の割合で混ぜた物を言います。化合物と言うのは混ぜる金属の原子数の比が整数になるようにして、反応させて作ります。

化合物半導体

太陽電池で重要なのはp型半導体とn型半導体の接するpn接合であり、それは14族元素であるシリコンに、14族の両隣である13族元素と15族元素を混ぜて作ります。それならば、14族を使わないで、13族元素と15族元素だけで半導体を作ることはできないか、そのようなコンセプトで開発されたのが化合物半導体です。

❶化学量論的混合物

化合物半導体を作る場合に大切なのは混合する両元素の量です。両元素を混ぜる比率は重量比で考えてはいけません。電子の個数比で考えなければなりません。すなわち、13族と15族間の半導体では15族が1個の電子を出し、13族がその電子を取り入れる形で電荷のバランスをとります。そのため、両族の間で原子の個数が厳密に一致していることが重要になるのです。

具体的にいえば原子量の比で混ぜるということです。例えば13族のガリウムGa（原子量＝70）と15族のヒ素As（原子量＝75）を混ぜるならば、両者の重量比を70：75にしなければなりません。

●同族元素

Ⅱ	Ⅲ	Ⅳ	Ⅴ	Ⅵ
12族	13族	14族	15族	16族
	Bホウ素	C炭素	N窒素	O酸素
	Alアルミニウム	Siケイ素	Pリン	Sイオウ
Zn亜鉛	Gaガリウム	Geゲルマニウム	Asヒ素	Seセレン
Cdカドミウム	Inインジウム	Snスズ	Sbアンチモン	Teテルル

このように、原子の個数を合わせた混合物を化学量論的混合物と言います。そしてこの混合物は化合物と同じことになるので、このようにして作った半導体を化合物半導体と言うのです。

元素の選択

半導体を作るために用いる元素は、互いに電子を授受し合って、その結果、電子数に過不足が無いようにする必要があります。つまり14族を中心にして、その両隣の元素を用いなければなりません。しかしそれは13族と15族を組み合わせると言うことだけを意味する物ではありません。

14族より価電子が2個少ない12族と、反対に2個多い16族の組み合わせでも良いことになります。また、組み合わせる元素の種類は2種類とは限りません。つまり13族：16族＝2：1の組み合わせでも良いことになります。なぜなら、16族元素は原子1個で2個の電子を出し、反対に13族元素は原子1個で1個の電子を受け入れることになるからです。同じような発想を続ければ、元素の組み合わせの種類は相当多くなることになります。化合物半導体の場合、元素の族を短周期表で考え、12族＝Ⅱ族、13族＝Ⅲ族などとし、13族と15族の組み合わせの半導体をⅢⅤ族半導体、それを用いた太陽電池をⅢⅤ族太陽電池などと呼ぶことがあります。

p型半導体・n型半導体

このようにしてできた半導体は元素半導体のシリコンに相当するもので電気的に中性な半導体です。したがって、p型、n型の半導体にするには、この化合物半導体にそれぞれ13族、15族の元素を少量ずつ加える必要があります。しかし、ガリウム-ヒ素(Ga-As)化合物半導体の場合には、それぞれが13、15族元素なのですから、どちらかの量を少し多くすれば、それぞれp型、n型になることになります。

化合物半導体を用いた太陽電池は変換効率が高く、優れているものが多いのですが、問題は原料です。すなわち、多くの原料がレアメタルになっています。レアメタルは資源量が少なく、価格が高いのが問題です。なんとかレアメタルを用いない化合物半導体を作ることが重要な課題となります。

SECTION 30

化合物半導体太陽電池の実際

化合物半導体は実際の物が稼働しています。いくつかの例を見てみましょう。

ガリウム-ヒ素(Ga-As)太陽電池

前Sectionで見たようにガリウムGaは13族、ヒ素Asは15族元素です。この両元素を化学両論的に1：1で混ぜたものは半導体の性質を示すので、ガリウム-ヒ素Ga-As半導体と呼ばれます。

ガリウム-ヒ素太陽電池の基本的な構造は図の通りです。基本的に、シリコン太陽電池のシリコンの代わりにGa-As半導体を用いたものです。

電極の上にゲルマニウムGe基盤をおき、その上にヒ素の量を少し増やして作ったGa-As半導体を置きます。これがn型半導体になります。その上に、p型半導体を置きますが、これはGa－As半導体に更に13族元素であるアルミニウムAlを不純物として混ぜています。これでpn接合完成です。その上に透明電極を載せれば太陽電池完成です。

ガリウム－ヒ素太陽電池は、1970年に当時のソビエトの科学者によって発明されたもので、化合物太陽電池の基本的なモデルとして実用化されてきました。

化合物太陽電池の長所はいくつかありますが、主なものは次の3点です。

①変換効率が高い
②吸収する光に対しては吸収効率が良い
③吸収しない光に対しては透過効率が良い

Ga－As太陽電池は実験値ですが26％という

●ガリウム－ヒ素（Ga-As）太陽電池

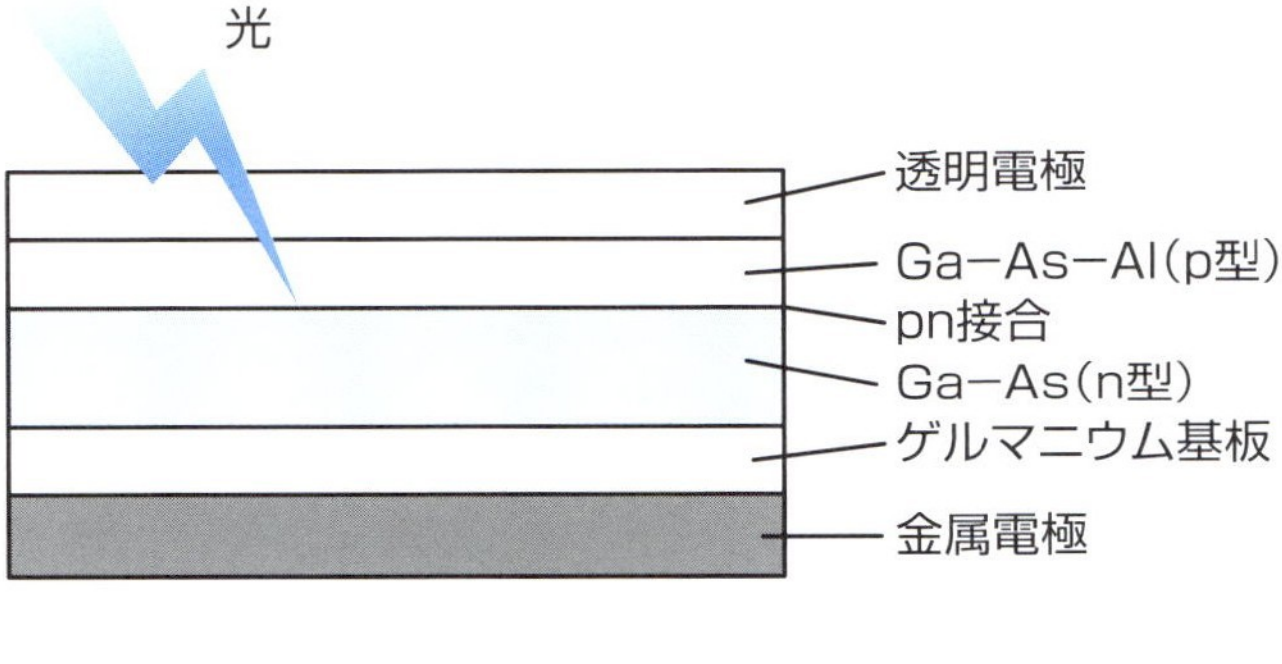
光
透明電極
Ga－As－Al（p型）
pn接合
Ga－As（n型）
ゲルマニウム基板
金属電極

単独の太陽電池としては画期的な値を示しています。②の性質は、太陽光をたくさん吸収するので、セルを薄くすることができます。また③の性質は、自分が変換に用いない光は素通しするということです。これは、後に見る多接合型太陽電池において有利な性能となります。

インジウム-リン半導体

13族のインジウムInと15族のリンPを用いた半導体は、インジウム-リンIn-P半導体と呼ばれます。これもⅢV族半導体です。

In-P太陽電池は放射線に強いという特色があります。その上、放射線で被害を受けても、その後、太陽電池として作動しているうちに被害を回復するという、自己修復機能もあります。そのため、人工衛星など、宇宙空間で使用する太陽電池として用いられます。

ⅡⅥ族太陽電池

12族元素は+2価の陽イオンになり、16族元素は-2価の陰イオンになります。したがってこの両族の原子を1：1の比で混ぜれば半導体になることが期待できます。

12族元素として半導体によく用いられるのはカドミウムCdです。一方16族元素としてはイオウSやテルルTeが用いられます。これらを用いてできた半導体がカドミウム-イオウCd-S、あるいはカドミウム-テルルCd-Te半導体です。

イオウもテルルも同じ16族ですので、Cd-S、Cd-Te両半導体は同じ性質を持っているのでしょうか?

●カドミウム-イオウ-テルル太陽電池

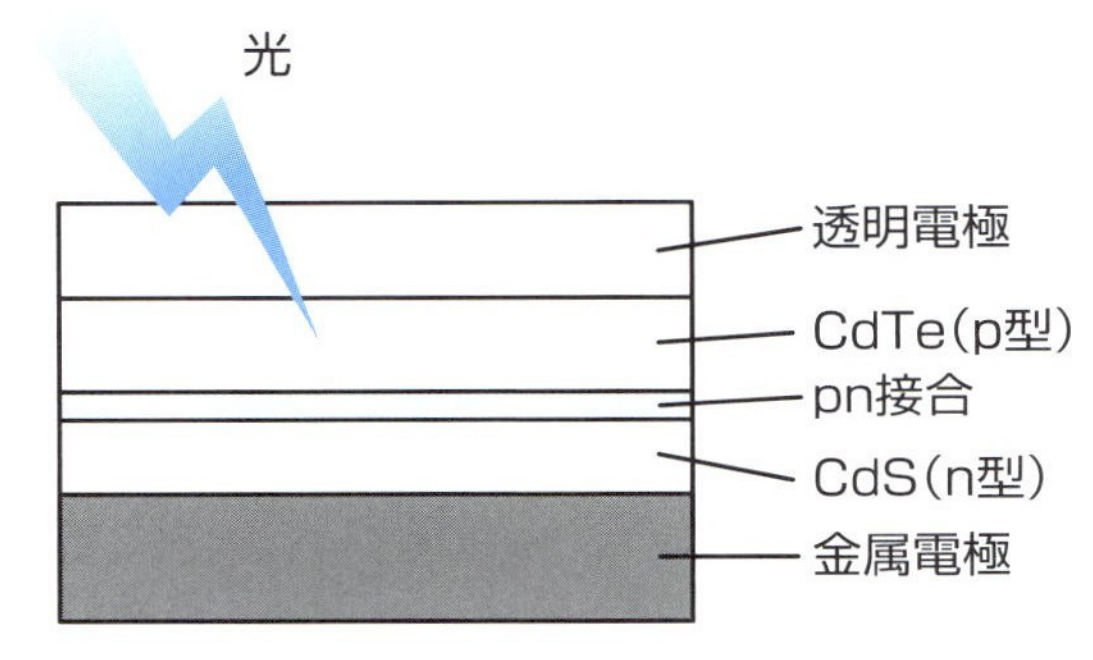
光
透明電極
CdTe(p型)
pn接合
CdS(n型)
金属電極

実は両者の性質の間には違いがあります。それはSとTeの原子としての大きさの違いに基づくものです。Sの原子番号は16であり、Teは52です。すなわちSの原子核の周りには16個の電子しかありませんが、Teの原子核の周りには52個もの電子があります。

一般に＋に荷電した原子核が－に荷電した電子を引き付ける静電引力は、原子核と電子間の距離の短いSの方が大きくなります。その結果、Cd-SとCd-Teを接合すると前者がn型、後者がp型となってpn接合ができ、太陽電池になります。

この形式の太陽電池は真空蒸着で作る薄膜タイプなので、資源の量が少ないという利点はありますが、変換効率が15％程度と高くないのが弱点とされています。

また、原料のカドミウムは公害のイタイイタイ病の原因物質と知られています。太陽電池として使った後も、その廃棄に関しては十分な注意をしなければなりません。

2種以上の元素からなる太陽電池

化合物半導体には3種あるいは4種の元素を組み合わせたものも開発されています。

❶ 11、13、16族の組み合わせ

11族は＋1価、13族は＋3価ですから、両方を合わせると「1＋3＝4」になります。これを相殺するには16族×2、すなわち「－2×2＝－4」とすればよいことになります。この計算を満足させるようにして半導体を作るには、「11族：13族：16族＝1：1：2」の組み合わせを作ればよいことになります。

このようにしてできたのが「銅Cu（11族）：インジウムIn（13族）：セレンSe（16族）＝1：1：2」の化合物半導体です。それぞれの元素記号の最初をとってCIS半導体と言われます。

更に13族を二種類（インジウムInとガリウムGa）に分けてそれぞれを1/2とし、「Cu：In：Ga：Se＝1：1/2：1/2：2」というものもできました。これはCIGS半導体と呼ばれます。CISとCIGSは原理が同じなので区別しないことが多いのですが、CIGSの開発が進んでいるので、どちらの名前で呼んでもCIGSを指すことが多いようです。

CIGS太陽電池の構造を図に示しました。まず、金属電極の上にp型半導体としてのCIGS層とn型半導体を真空蒸着し、その上に透明電極を置きます。n型半導体はカド

ミウムー硫黄、あるいは亜鉛ーセレンの化合物半導体です。変換効率は20％に達します。

CIGS太陽電池は真空蒸着法で作るので原料使用量が少なく、変換効率も高いことから、化合物太陽電池の将来のエースと見られていますが、有害物質のカドミウムを使うのが欠点と言えるかもしれません。

●CIGS太陽電池

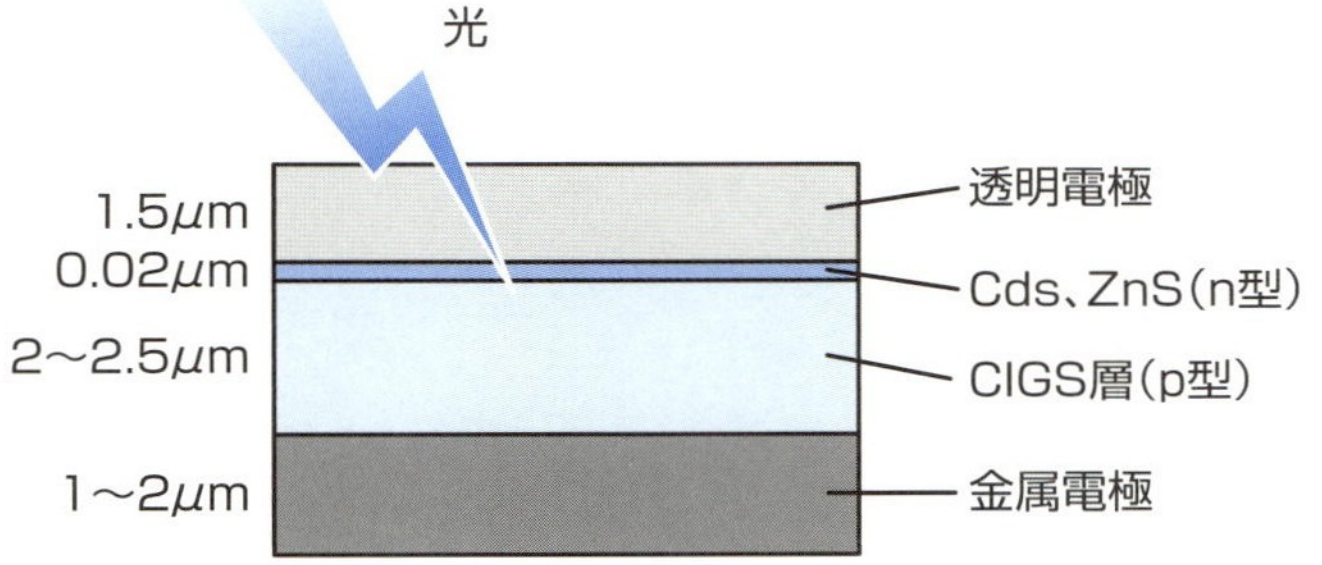
光
1.5μm
0.02μm
2〜2.5μm
1〜2μm
透明電極
Cds、ZnS（n型）
CIGS層（p型）
金属電極

SECTION 31

多接合型太陽電池

多接合型太陽電池は一般にタンデム型太陽電池と言われます。タンデムと言うのは自転車の種類で知られた言葉ですが、タンデム自転車と言うのは1台の自転車にサドルとペダルが数人分設置され、数人で乗って走る自転車の事を言います。

太陽電池と光の波長

太陽電池は太陽の光を吸収して、その光エネルギーを電気エネルギーに換える装置です。太陽光の波長分布は紫外線から赤外線に渡るまで大変広いのですが、太陽電池が利用する光は波長がほぼ４００～８００ｎｍの可視光線です。

しかし、太陽電池は可視光線全てを吸収して電気に換えているわけではありません。特定の狭い領域の光だけを利用しているのです。どの波長領域を吸収、利用しているかは、太陽電池の種類によります。特に化合物太陽電池の場合には、その偏りの大きいことが知られています。

ということは、太陽電池に光が当たっても、太陽電池が発電に利用している光はその一部だけであり、他の光は棄てているということです。

太陽光の有効利用

この棄てている光を全て利用しようと言うのがタンデム型太陽電池のコンセプトです。原理的には簡単な話しです。何種類かの太陽電池を薄膜法で作るのです。従来の太陽電池では、上方の光の来る方だけの電極を透明電極とし、下方(底部)の電極は不透明の金属電極としていました。これを、両方の電極とも透明電極とします。

そして、このようにして作った何種類かの太陽電池を重ねて1個の太陽電池にするのです。概念を図に示しました。最上部の太陽電池が一部の光を吸って発電すると、残りの光はその下の太陽電池に差し掛かります。ここでまた光が選択吸収され、残りは更にその下の太陽電池に差し掛かります。

最上部の太陽電池から、最下部の太陽電池に渡って、太陽光の全てを無駄なく利用するという大変な発想に基づく電池です。あまりに簡単でわかりやすい発想ですが、これが実用化されると、6層の多接合型太陽電池で試算すると変換効率は60%になるというから驚きです。

●多接合型太陽電池

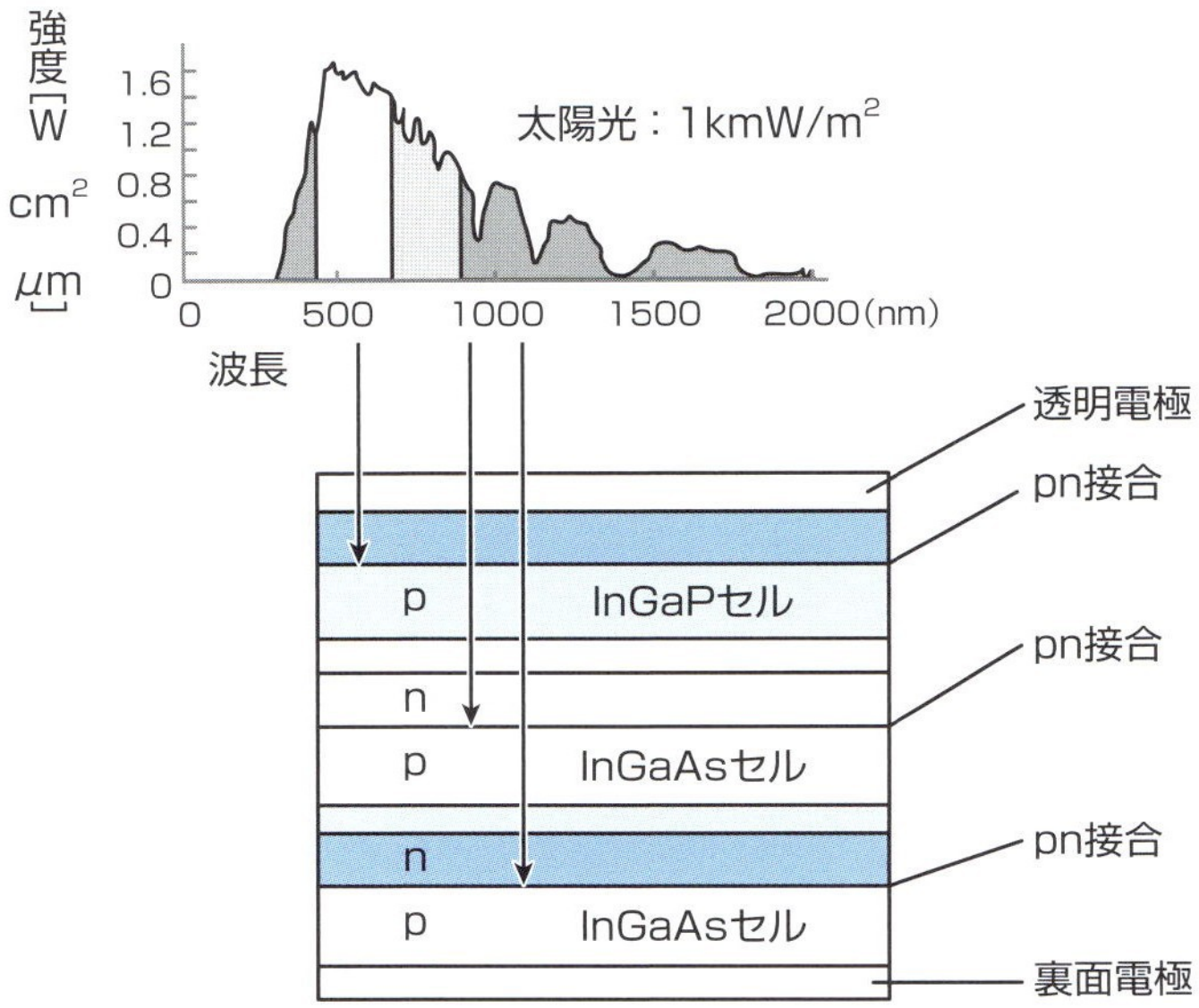

強度〔W/cm² μm〕
1.6
1.2
0.8
0.4
0
0
500
1000
1500
2000(nm)
波長
太陽光：1kmW/m²
透明電極
pn接合
p
InGaPセル
pn接合
n
p
InGaAsセル
pn接合
n
p
InGaAsセル
裏面電極

SECTION 32 

有機薄膜太陽電池

最近注目されているのが有機太陽電池です。有機太陽電池というのは、その言葉の通り、有機物でできた太陽電池ということです。ここまでに見てきた太陽電池は、シリコンを用いるか、化合物半導体製を用いるかのどちらかです。

シリコンは無機物ですし、化合物半導体の原料の多くは金属です。つまり、ここまでの太陽電池は全てが少なくとも無機物であり、有機物などの匂いもありませんでした。では、有機物の太陽電池とは、どういうものなのでしょうか?

有機物とは

有機物というのは、昔は生物から発生した化合物の事を言いました。しかし、現在では範囲を広げて、炭素を含む化合物のうち、一酸化炭素COのように簡単な構造の物を除いた物となっています。したがって、炭素を含んでいればほとんどが有機物であり、炭素を含まない有機物は無いと言うことになります。

昔は有機物には「有りえない性質」というものがありました。それは伝導性と磁性でした。有機物が電気を通すだとか、有機物が磁石に吸いつくなどと言ったら、常識を疑われたものです。ところが現在では、有機物のプラスチックが電気を通すのは常識です。それどころか有機物の超伝導体もできています。最近では磁性を持つ有機物も開発されています。

機械的強度もナイフやハサミで切れないプラスチックがあり、現在の防弾チョッキはプラスチック製です。このように最近の有機物は金属の性質を獲得し、金属のテリトリーに進出しつつあります。その有機物が太陽電池の世界に現われたのが有機太陽電池なのです。有機太陽電池には有機薄膜太陽電池と有機色素増感太陽電池の二種類があります。

有機半導体

有機薄膜というのは、有機物でできた薄い膜の事を言います。早い話、ペンキの膜です。ですから、薄膜シリコン太陽電池と同じように、有機物を塗り重ねて作った太陽電池と言うわけです。この場合の有機物はもちろん半導体です。

つまり有機薄膜太陽電池というのは、有機物で作ったp型半導体と同じく、有機物で作ったn型半導体を塗り重ねて作った太陽電池と言うことになります。

●有機物のp型半導体とn型半導体

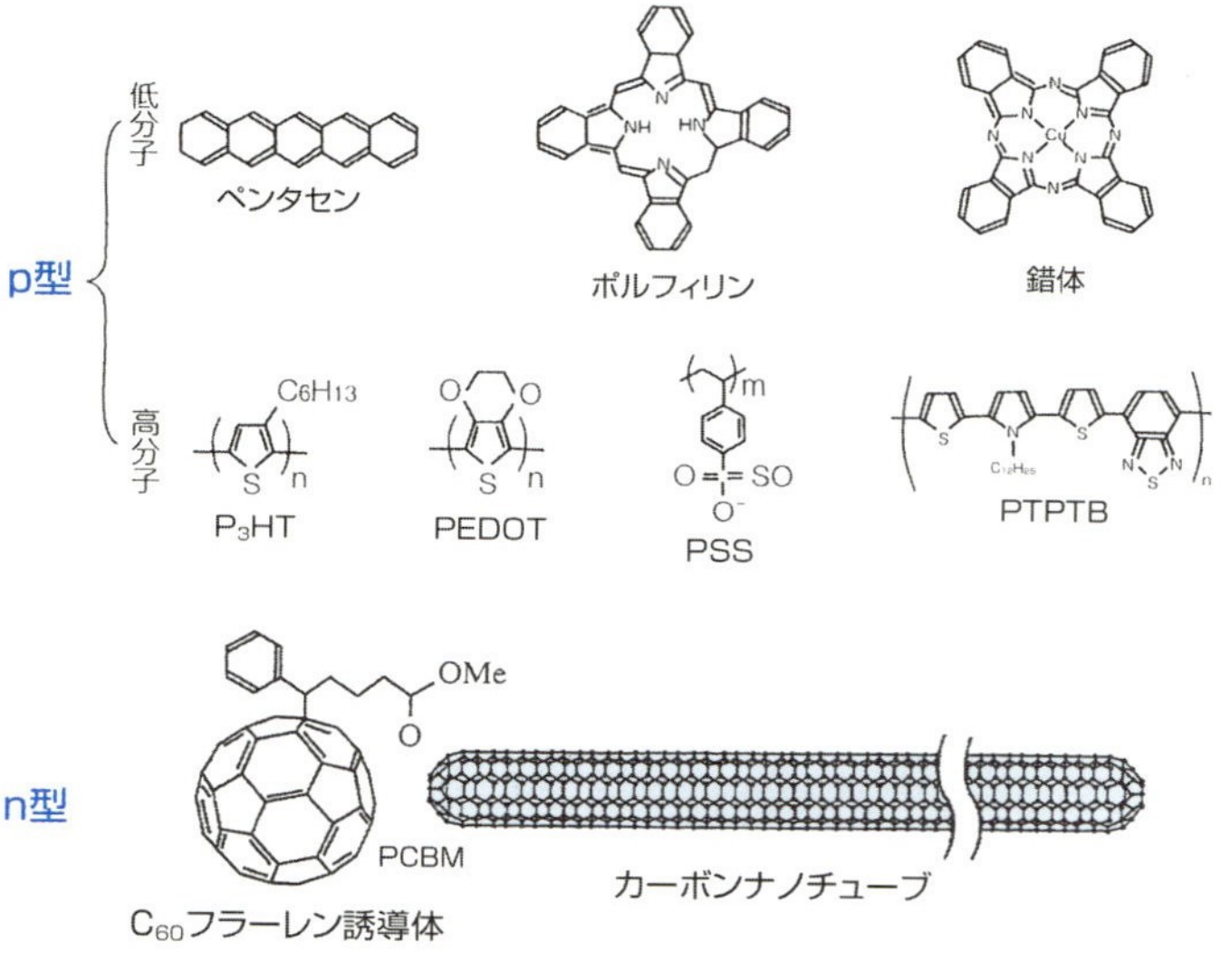
p型
低分子
ペンタセン
NH
HN
N
ポルフィリン
Cu
錯体
高分子
C6H13
S
n
P3HT
O
PEDOT
m
O=S=O
PSS
S
N
PTPTB
n型
OMe
O
PCBM
C60フラーレン誘導体
カーボンナノチューブ

有機物のp型半導体とn型半導体の例を図に示しました。p型半導体には分子量の小さい普通の大きさの例(低分子)と単位分子がたくさん並んだ高分子の例があります。一方、n型半導体はC_{60}フラーレンやカーボンナノチューブの誘導体が多くなっています。

有機薄膜太陽電池の構造

有機薄膜太陽電池の構造は、シリコン太陽電池とほぼ同じです。p-i-n接合型と言うのは、p型半導体とn型半導体との間にi-半導体(真正半導体)を挟んだものです。この場合、i-半導体と言うのはp型半導体とn型半導体の混合物を言います。

バルクヘテロ型太陽電池と言うのは、高分子系の

●有機薄膜太陽電池の構造

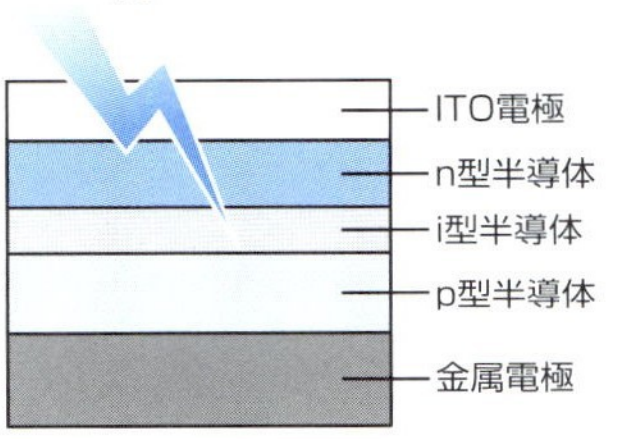
光
ITO電極
n型半導体
i型半導体
p型半導体
金属電極

pin型

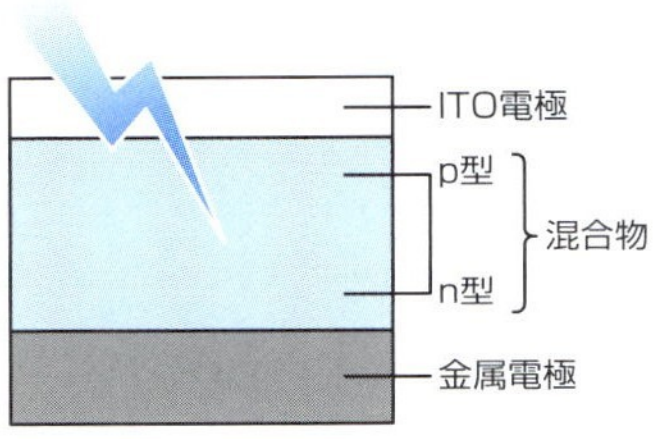
光
ITO電極
p型
n型
混合物
金属電極

バルクヘテロ型

有機半導体を用いたものになりますが、先に見た両半導体の混合物、すなわち有機ｉ－半導体を電極で挟んだだけです。

このような構造ですから、有機薄膜太陽電池の作製はいたって簡単です。有機半導体を適当な溶媒に溶いて液体とし、電極の上に塗り、乾いたら次の溶液を塗るということです。印刷もＯＫです。

有機薄膜太陽電池の特色

有機薄膜太陽電池には無機系太陽電池には無い特色があります。

❶ 軽くて柔軟

有機物の特色として、軽くて柔らかと言うのは絶対的な利点です。柔らかですから、電極にプラスチックを用いれば全体がプラスチックフィルムと同じように曲げることも丸めることも自由です。

❷カラフル

有機物ですからいろいろの色彩を持たせることも自由です。プラスチック製の造花のような太陽電池もできています。部屋に飾って発電します。

❸安価

有機半導体を作るのに特別な装置は必要ありません。普通の有機物合成と同じです。したがって、設備投資は少なく、原料も安価です。

❹変換効率

問題は変換効率です。研究室レベルでも10%を超えるのは大変です。実用化されてい

●有機薄膜太陽電池の特色

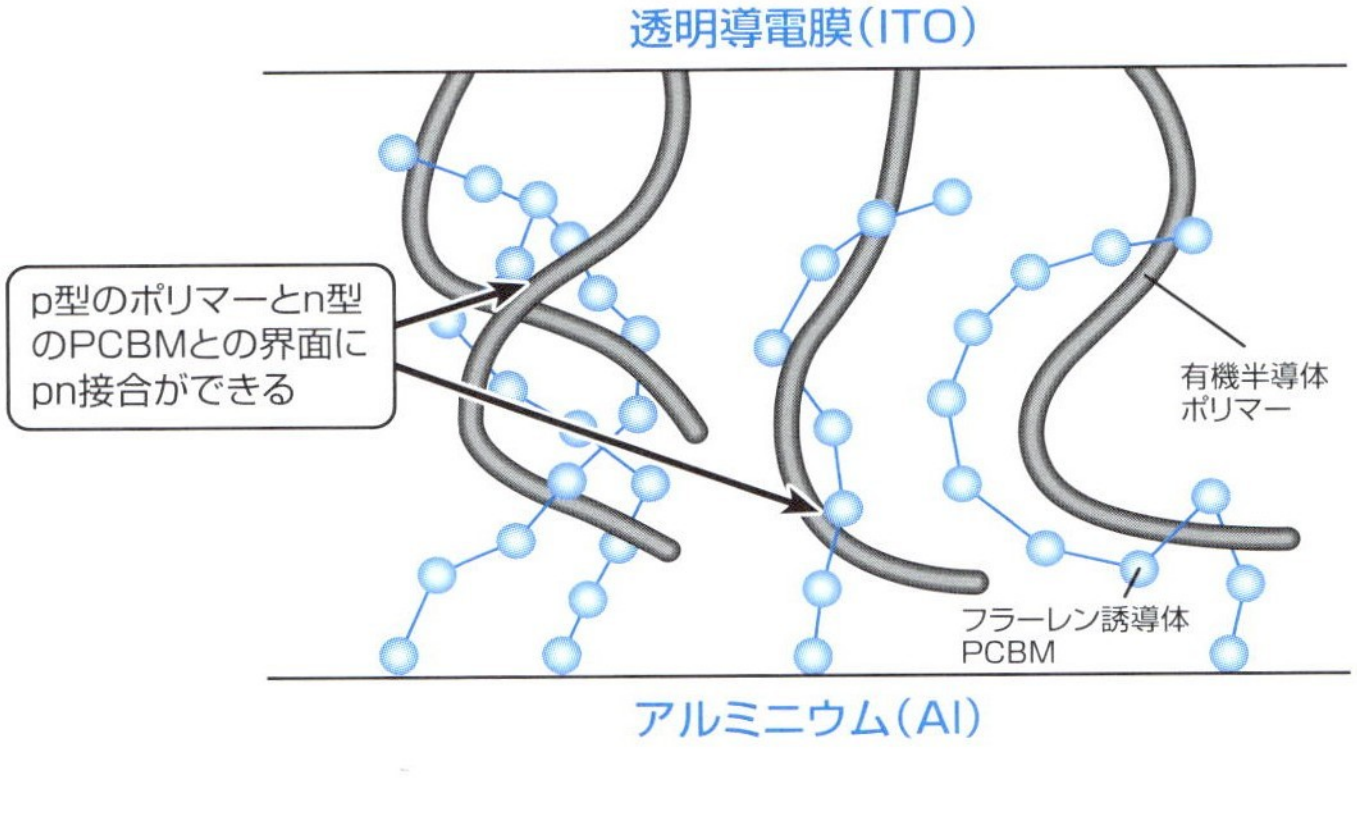
透明導電膜(ITO)
p型のポリマーとn型のPCBMとの界面にpn接合ができる
有機半導体ポリマー
フラーレン誘導体PCBM
アルミニウム(Al)

る物は5％程度です。今後の研究が待たれます。

❺耐久性

もう一つの問題は耐久性です。これは有機物の宿命ですが、酸・塩基あるいは酸素に対する耐久性に問題があります。屋根の上に置いて酸性雨にさらされると問題になります。ガラスや硬質プラスチックでコーティングするなどの対策が考えられています。

SECTION 33

有機色素増感太陽電池

有機色素増感太陽電池は、１９９１年にスイスの科学者グレッツェル博士が発明したもので、ほとんど完成した形で突然発表されました。言い換えればそれ以来大きな発展は無いとも言えます。グレッツェル博士の天才ぶりに驚くばかりです。この電池は、博士の名前をとって、グレッツェルセルと呼ばれることもあります。

電池の名前の意味

有機色素増感太陽電池の原理は少々複雑ですが、簡単に見てみましょう。まず、名前の「有機色素」の意味ですが、これは普通の意味での色素です。すなわち、この電池は有機半導体ではなく有機物の色素を用いるのです。次に「増感」です。これはそのものずばり、感度を増す、感度を高めることを意味します。すなわち、「普通の状態では感度が低くて作用しない」物を「有機色素で感度を高める」という意味なのです。

構造

この電池は基本的に溶液を用いた電池、湿式電池です。したがって電解液と電極からできています。電解液はヨウ素I_2の水溶液です。正極は白金Ptです。変わっているのは負極です。光を通すため透明電極になっていますが、ここに酸化チタンTiO_2の微粒子に有機色素を吸着させた微粒子が固定してあるのです。

起電原理

酸化チタンは光触媒としてよく知られています。すなわち、エネルギーの低い普通状態(基底状態)の酸化チタンは、紫外線を吸収して高エネルギー状態(励起状態)になり、酸素や水を分解して活性酸素などを作り、それによって細菌や匂い分子を破壊するというものです。

❶ 酸化チタンの励起状態

有機分子増感太陽電池の基本原理は、酸化チタンを光エネルギーで励起状態にし、その状態で電子を取りだして外部回路に導いて電流にすると言うものです。このアイデアは、pn接合のシリコンを励起状態にして電子を取りだすという普通の太陽電池と基本的に同じです。

問題は酸化チタンを励起するのに要するエネルギーです。酸化チタンは紫外線で励起されます。先に見たように、紫外線は可視光線より高エネルギーです。つまり、酸化チタンは太陽電池が利用しようと言う可視光線では励起されないのです。

●有機色素増感太陽電池

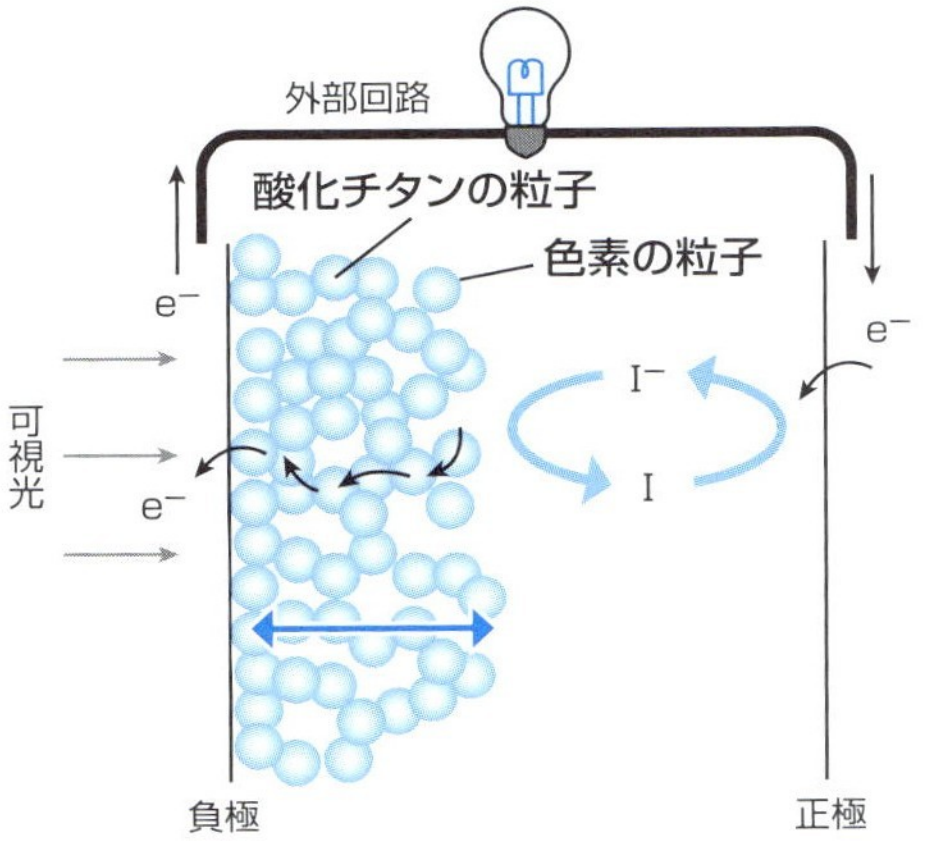
外部回路
酸化チタンの粒子
色素の粒子
e⁻
e⁻
e⁻
I⁻
I
可視光
負極
正極

❷ 増感剤

ここで一肌脱ぐのが増感剤の有機色素です。有機色素は可視光線を吸収して励起状態になりますが、この励起状態は酸化チタンの励起状態より高エネルギーなのです。なぜ、そのようなことが起きるのかというと、色素の基底状態は二酸化チタンの基底状態より高エネルギーなのです。そのため、二酸化チタンより小さいエネルギーで励起状態になることができるのです。

この励起状態の有機色素から電子が酸化チタンに移動し、そのために酸化チタンが高エネルギーの励起状態になることができるのです。これが増感の意味です。

●増感剤の有機色素

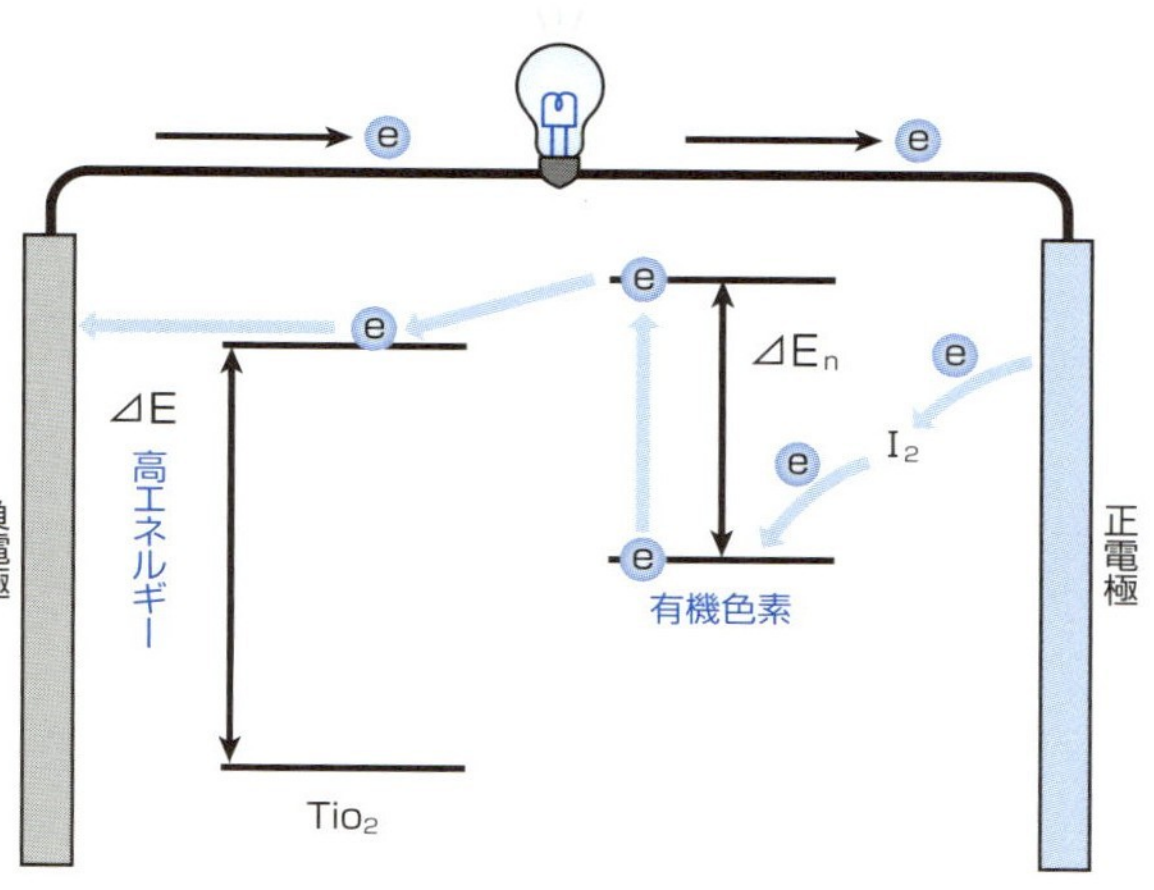
e
e
e
e
⊿E
高エネルギー
⊿Eₙ
e
I₂
e
e
負電極
正電極
有機色素
Tio₂

❸ 電流

励起状態の二酸化チタンから発生した電子は負極の透明電極から外部回路に出て、正極に達してからは電解質のヨウ素を経由して元の有機色素にもどるというわけです。

変換効率は10％程度です。色素としては、純粋の有機物のほか、一般に錯体と呼ばれる、金属を含む有機物のようなものが開発されています。

SECTION 34

量子ドット太陽電池

量子ドット太陽電池は、現在考えられる最高性能の太陽電池です。変換効率は理論的に60%以上と言われています。また、量子ドットは、その直径や粒子密度を調整することによって、吸収光の波長帯域を自由に設定することができます。そのため、1個の量子ドット太陽電池で、太陽光を全ての波長領域に渡って利用することも可能です。これは先に見た多接合型太陽電池の能力を1個の太陽電池でカバーすることを意味します。

量子ドットとは?

量子ドット(点)は、無機物でできた小さな粒子です。直径はおおよそ10nm程度であり原子直径の数十倍です。つまり、1個の量子ドットは10^4個つまり、1万個ほどの原子で構成されていることになります。

量子ドットは原子と同じような性質を持っているので人工原子と呼ばれることもあります。量子ドットは、電子を粒子の中に閉じ込めるという性質があります。閉じ込められた電子は適当なエネルギーΔEがくると、それを吸収して高エネルギー状態(励起状態)になり、次にそれを放出して元の基底状態に戻ります。これは光エネルギーを吸収して電気エネルギーを放出することができることを意味します。つまり、太陽電池の能力を持っているのです。

そして、このΔEを製作者がドットの直径や粒子密度を変えることによって自由に設定できるのです。したがって、現在のようにΔEを原子や分子任せにしている状態よりもはるかに太陽電池の設計製作の自由度が増えることになります。

量子ドットの作成

量子ドットは、既に半導体として情報分野、レーザー分野で応用されており、原料、製作法もいく通りも開発されています。代表的なものを見てみましょう

❶ 原料元素

単一元素から作ったものと、多種類の元素を混ぜたものがあります。単一元素では、シリコンでできたSi量子ドットがよく知られています。多種類の元素を用いたものでは、カドミウムとヒ素からなるCdS量子ドットやインジウム、ガリウム、ヒ素からなるInGaAs量子ドットなどがあります。

作成法

量子ドットの作成法もいくつか開発されています。

❶ メッキ法

シリコンウエハーにニッケルをメッキすると、ニッケルが微粒子として析出する現象を利用した作成法です。

●メッキ法

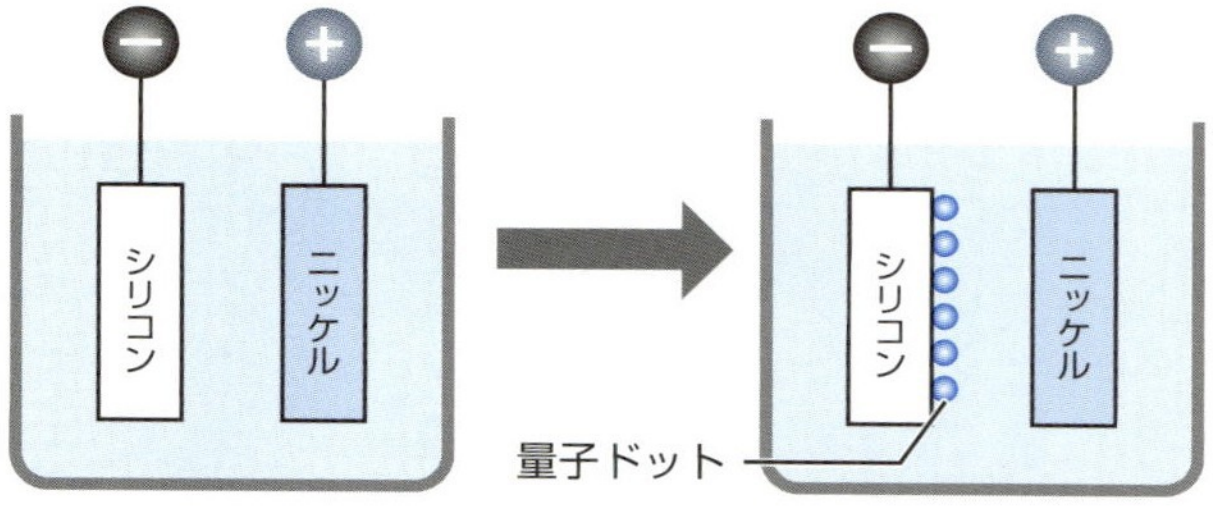

シリコン
ニッケル
シリコン
ニッケル
量子ドット

❷ 不活性化基盤法

不活性化した基盤に細く絞り込んだ電子ビームを照射すると、そこだけ不活性膜が破壊されます。ここに金属を真空蒸着すると、破壊された部分にだけ金属が堆積してドットとなります。

❸ 液滴エピタキシー法

多種類の元素からなるドットの作製法です。構成元素のうち、融点の低いものをビームとして基板上に噴射して液滴を作ります。次に融点の高いものをその液滴に噴射して結晶化させます。

●不活性化基盤法

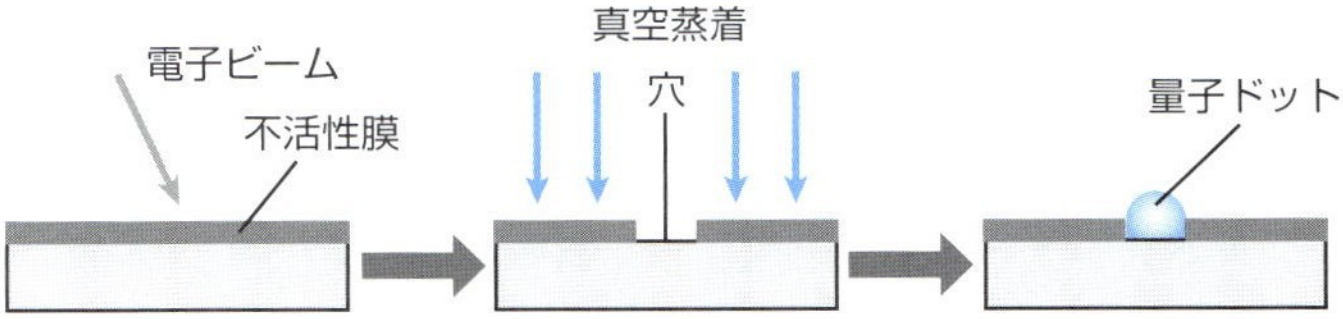
真空蒸着
電子ビーム
穴
量子ドット
不活性膜

●液滴エピタキシー法

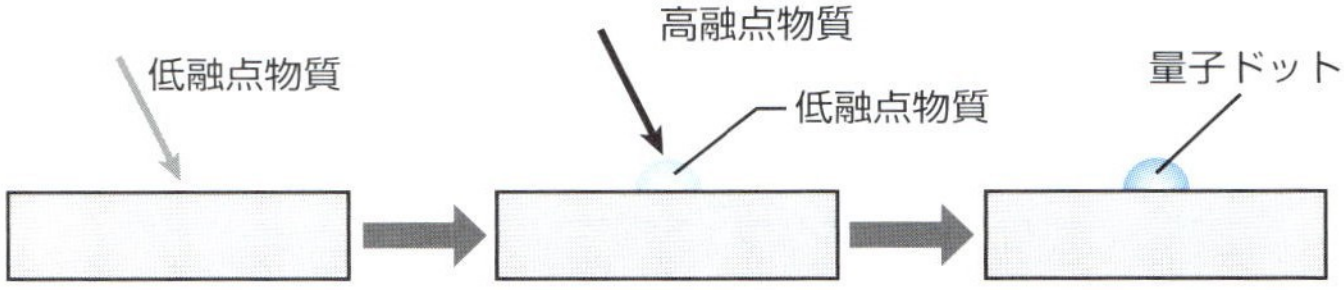
高融点物質
低融点物質
量子ドット
低融点物質

量子ドット太陽電池の構造

量子ドット太陽電池の理論は複雑ですが、構造はいたって単純です。適当な金属電極の上にシリコンなどの基盤を置き、その上に量子ドットを堆積させます。そして最後にITOなどの透明電極を置けば完成です

このようにして作った量子ドットを用いた太陽電池の試作品は既に稼動しており、変換効率は今後改良を重ねれば60%以上に高められることでしょう。

●量子ドット太陽電池の構造

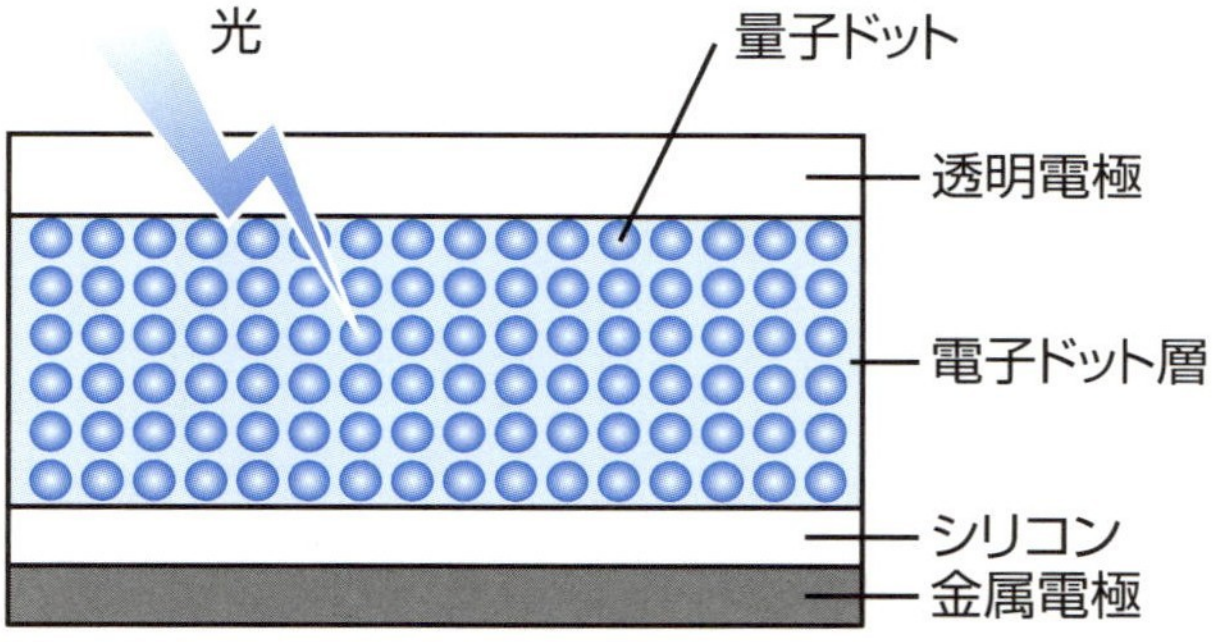
光
量子ドット
透明電極
電子ドット層
シリコン
金属電極

Chapter. 7
その他の電池

SECTION 35

イオン濃淡電池

電池には一次電池、二次電池、燃料電地、太陽電池など、いろいろの種類があります。ここでは、これまでに紹介できなかった電池について見ていくことにしましょう。

イオン濃淡電池は化学電池の一種と見て良いかもしれません。しかし、先に見た化学電池は、化学反応を行い、その反応エネルギーを電気エネルギーに変えていました。イオン濃淡電池は物質変化を起こしません。ただ濃度の変化によってのみ起電する電池です。濃淡電池は生物体内で重要な役割をしています。

イオン濃淡電池の原理

図はイオン濃淡電池の模式図です。素焼きの陶板で二つに仕切られた容器の片方に硝酸銀$AgNO_3$の濃厚水溶液、もう片方に同じく硝酸銀の希薄水溶液を入れます。要するに両室の違いは溶液の濃度の違い、濃淡だけです。そして両方に電極となる銀Ag板を挿入し、導線で結びます。

❶電極の溶解

このようにすると電極のAgが溶液に溶け出しますが、溶け出し方に違いがあります。希薄溶液の方ではよく溶けますが、濃厚溶液の方ではあまり溶けません。この結果、希薄溶液側のAg板に電子が溜まります。この電子は導線を伝って濃厚溶液側のAg板に流れます。

つまり、希薄溶液側から濃厚溶液側に電子が移動し、電流が流れたのです。定義に従って、電子を出した希薄溶液側が

●イオン濃淡電池の原理

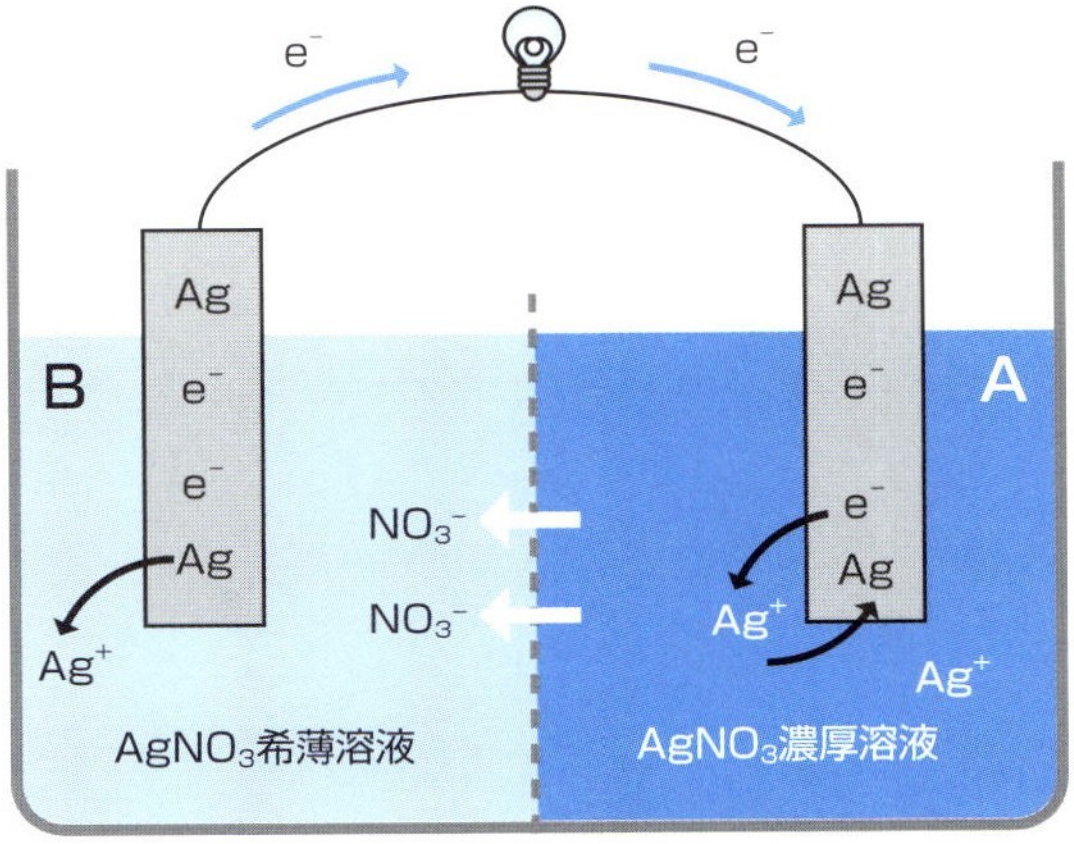

e⁻
e⁻
Ag
e⁻
e⁻
Ag
B
Ag⁺
Ag
e⁻
e⁻
Ag
A
Ag⁺
Ag⁺
NO₃⁻
NO₃⁻
AgNO₃希薄溶液
AgNO₃濃厚溶液

負極であり、電子を受け取った濃厚溶液側が正極です。

❷ イオンの移動

反応が進行すると希薄溶液側では銀イオンAg^+が増えて、その結果、対イオンのNO_3^-が不足します。そこで、濃厚溶液側の硝酸イオンNO_3^-が素焼き板を透して希薄溶液側に移動します。

この結果、希薄溶液側では電極が溶けることでAg^+が増え、濃厚溶液側から来たNO_3^-と反応することで$AgNO_3$濃度が高まります。反対に濃厚溶液側ではNO_3^-濃度が落ち、それにつれてAg^+がAgとなって析出します。

このようにして、両室の$AgNO_3$濃度が等しくなった時点で電流は止まります。

SECTION 36

イオン濃淡電池と神経伝達

動物の体には神経細胞（繊維）が張り巡らされています。目や口などの生体センサーで得た情報は神経細胞を通じて脳に送られ、それに応じて脳から筋肉に神経細胞を通じて情報が送られ、筋肉が適切な行動を起こします。

神経細胞

このように、動物の体内での情報伝達は全て神経細胞を通じて行われます。神経細胞は特殊な細胞で、図のように長いものですが、長さはいろいろで短いものは数㎜、長いものは50㎝以上に達するものもあります。

●神経細胞

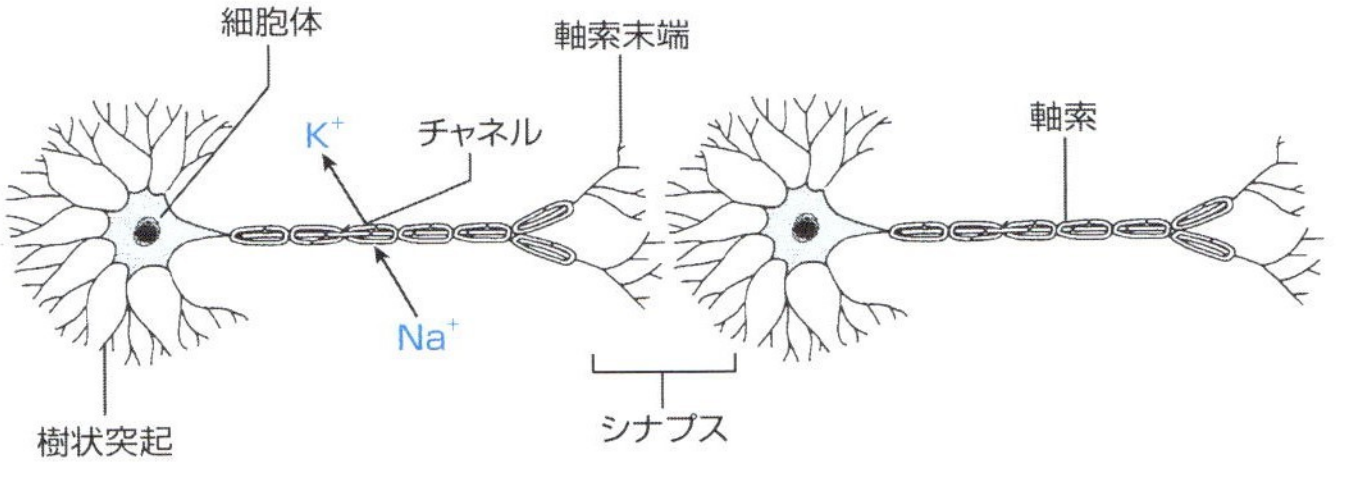
細胞体
軸索末端
K^+
チャネル
軸索
Na^+
シナプス
樹状突起

神経細胞は核を持った細胞体と、それから伸びる長い軸索からなります。細胞体には木の根のような樹状突起があり、軸索の端には軸索末端と呼ばれる木の根のような物が出ています。

神経細胞は何個も繋がって神経系を構成しますが、つなぎ目は細胞が融合しているのではありません。樹状突起と軸索末端が絡み合っているだけです。この部分をシナプスと言います。

神経伝達

神経系統の情報伝達は一方向だけです。細胞体から軸索末端に伝わります。情報が軸索を伝わるときは電圧変化で伝わります。いわば電話連絡です。しかし、シナプスでは電話線が切れています。そこで、こ

●神経伝達

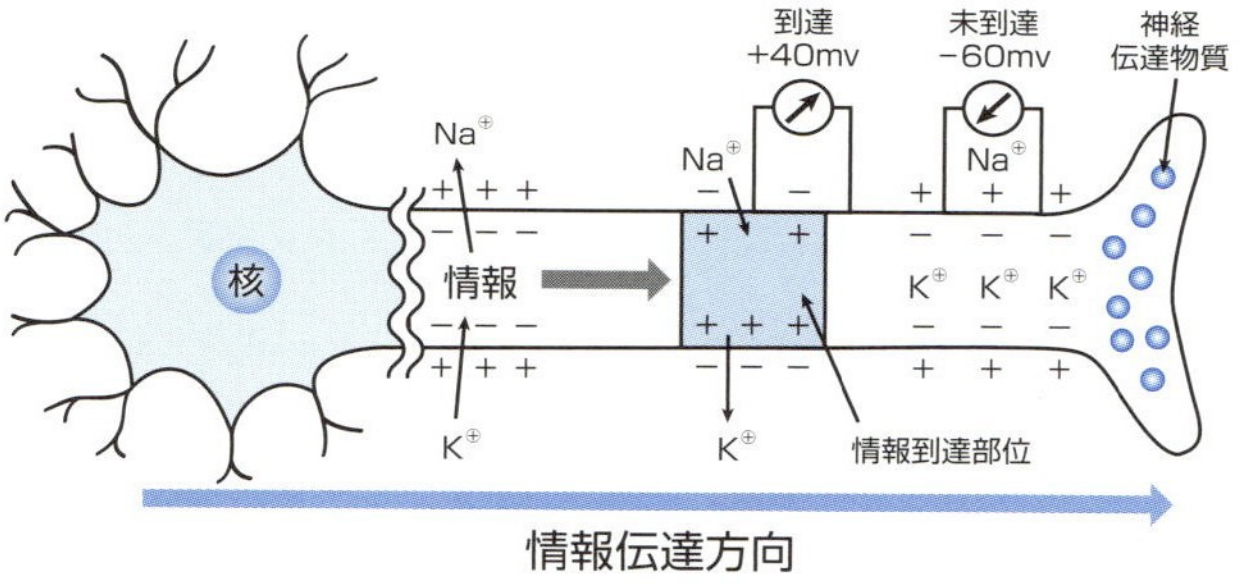

到達
+40mv
未到達
−60mv
神経
伝達物質
核
情報
情報到達部位
情報伝達方向

の区間は手紙連絡になります。この手紙に相当するのが神経伝達物質です。軸索末端から神経伝達物質が放出され、それが次の細胞の樹状突起に付着することによって情報が伝わるのです。神経伝達物質にはアセチルコリンやドーパミンなどがよく知られています。

●神経伝達物質

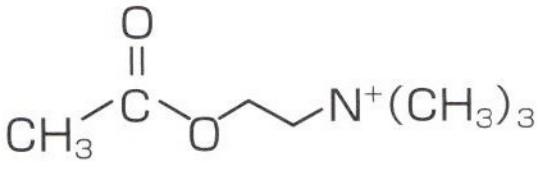
O
C
CH3
O
N+(CH3)3
アセチルコリン

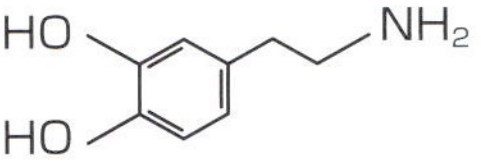
HO
HO
NH2
ドーパミン

濃淡電池による情報伝達

情報が軸索を通過するときに使われるのが、イオン濃淡電池です。軸索にはカリウムチャネルとナトリウムチャネルという二種類の穴が無数に空いています。

情報が来るとカリウムチャネルから軸索内のカリウムイオンK^+が外部に出ます。代わってナトリウムチャネルからナトリウムイオンNa^+が軸索内に入ります。このようにして軸索の内外でK^+とNa^+の濃度が変わることによって電位の変化が起き、これが情報となるのです。情報が通過した後はK^+とNa^+が入れ替わり、元の状態に戻ります。

このように、細胞膜のような膜を挟んで生じる電位を一般に膜電位と呼びます。

味覚の認識

視覚、味覚、嗅覚、触覚などの生体センサーがどのような機構で情報を認識するかは詳しく研究されていますが、味覚は膜電位によるものと考えられています。

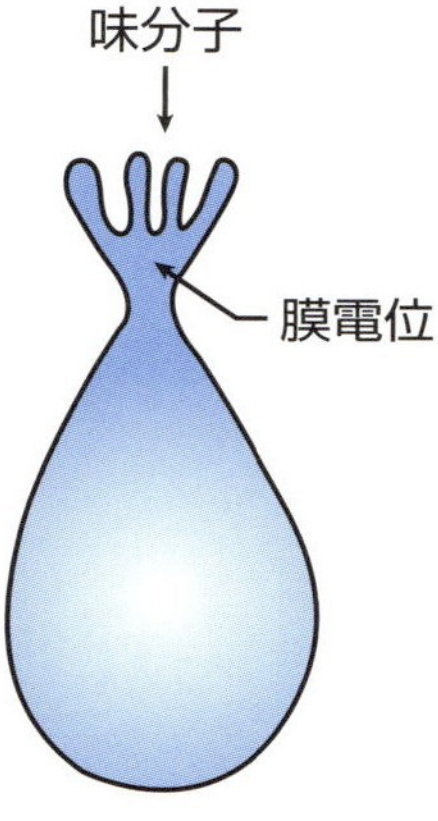
味分子
膜電位
●味細胞

味覚は舌の上にある味細胞で認識します。味分子が味細胞の細胞膜に付着すると、この細胞膜を挟んだ膜電位が微妙に変化し、その変化パターンによって甘い、辛い、苦い、旨いなどを認識するというのです。

そこで次のような実験を行います。つまり、イオン濃淡電池を測定した容器の隔壁を各種の膜に換えるのです。8種類の膜を使って8個の測定器を用意しましょう。各容器の片側には標準溶液を入れます。そしてもう片側に、食塩（NaCl）水を入れます。各容器に入れる溶液は全て同じです。ここで膜電位を計ると、同じ溶液なのに各容器の示す膜電位には違いが出ます、膜の影響が出ているのです。

この結果を折れ線グラフにしたのが図のグラフです。食塩と同じように塩辛い物質、

KCl、KBrが同じパターンを示しています。同じ実験を酸っぱいものに対して行うと図のようになります。酢酸、塩酸、クエン酸、どれも同じようなパターンです。そして、このパターンは塩辛い物のパターンとは違っています。

　この結果は、折れ線グラフのパターンを見れば、その物質が塩辛いのか、酸っぱいのかを推定できることを表しています。この結果は食品の品質管理などに生かされています。

●容器の隔壁を二分子膜に変えたイオン濃淡電池

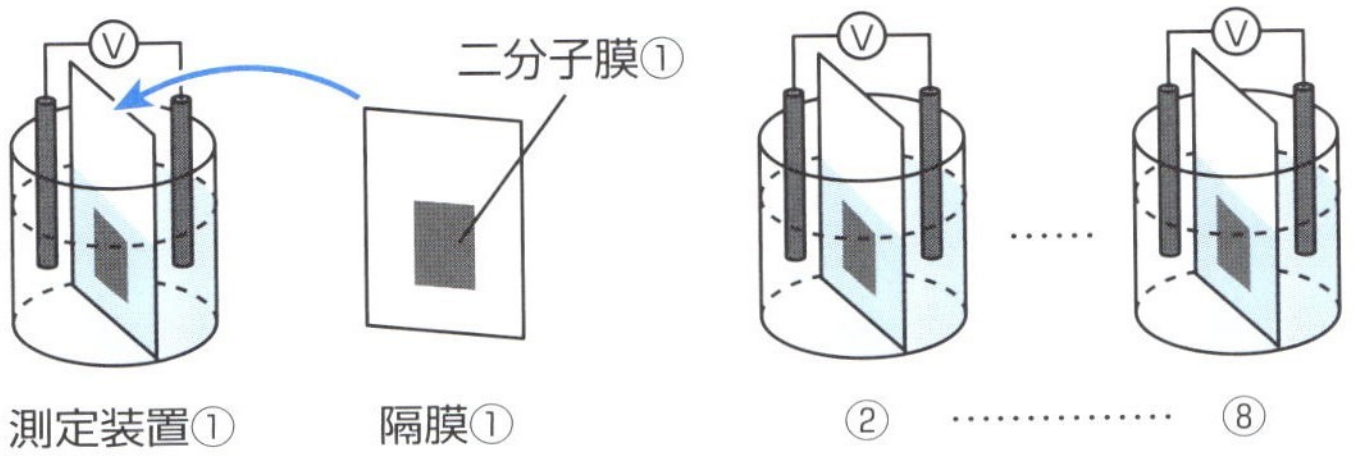
V
二分子膜①
測定装置①
隔膜①
②
⑧

●測定結果の折れ線グラフ

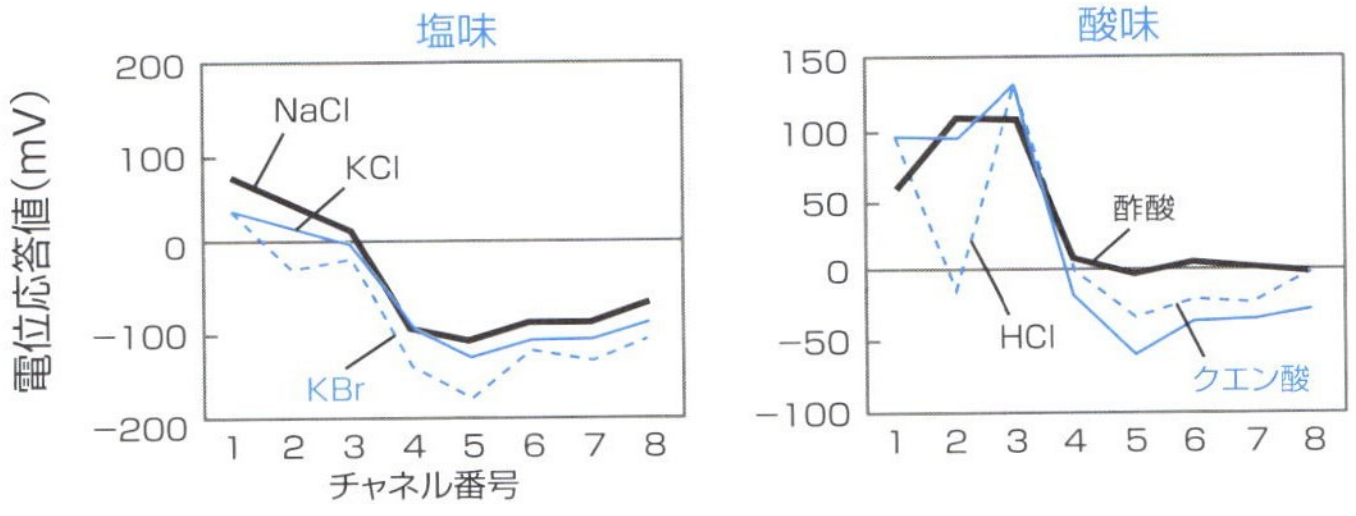
塩味
酸味
電位応答値(mV)
NaCl
KCl
KBr
酢酸
HCl
クエン酸
チャネル番号
200
100
0
−100
−200
150
50
−50
1 2 3 4 5 6 7 8

SECTION 37

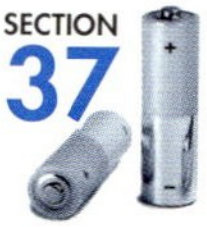

原子力電池

原子力電池は一般的な電池ではありません。少なくとも私たちの身の周りで見ることは無いでしょう。しかし、旧ソビエト連邦時代の北方地帯では日常的に使われていたと言います。私たち日本人は「原子力」という言葉を正確に理解していないのかもしれません。

原子力発電

２０１１年に起こった福島の原子炉事故以来、原子力とはどのようなものなのかと言うことが問い直されています。

原子力とは何なのか？　原子力発電とは何なのか？　原子炉とは何なのか？　こう問われて、自信を持って答えることのできる人は少ないと思います。

❶ 原子力とは

一般に原子力とは、原子核が発する力、エネルギーだと考えられています。原子核はあらゆる所に存在します。私たちは物質でできています。物質は分子でできており、全ての分子は原子でできており、全ての原子は原子核を持っています。つまり、私たち生命体を含めて、この宇宙の全ての物は原子核からできているのです。

しかし、私たちの肉体を構成するタンパク質の原子核が特別のエネルギー、原子力を発生することはありません。それでは原子核はどのような場合に原子力を発生するのでしょうか？

それは主に、ウランUのような大きな原子核が壊れて小さな原子核になる場合（核分裂）と、反対に水素Hのような小さい原子核が2個融合してヘリウムHeのような大きな原子核になる場合（核融合）です。

核融合の場合には、核融合エネルギーが発生し、これは太陽をはじめとする恒星を輝かせるエネルギーとなります。一方、核分裂の場合には原子爆弾ともなりますし、上手に使えば原子力発電のエネルギーともなります。

❷原子力発電の仕組み

このような思考の流れとして、原子力発電とは?と聞かれると、つい「原子力発電は核分裂エネルギーを電気エネルギーに換えるもの」と答えてしまいそうになります。

この答えは、「正しい」と強弁することもできるでしょうが、ここでは「間違っている」としておきましょう。

その答えは以下の通りです。

原子力発電は「原子炉を発電システムの一環」として用いて発電するシステムです。それでは原子炉は具体的に何をするのでしょうか? それは、お湯を沸かす役割です。すなわち「スチームを作る」のです。そして、このスチームで原子炉と関係ない所に置かれた発電機を回すのです。

これは火力発電と同じです。火力発電ではボイラーでスチームを作り、そのスチームで発電機のタービンを回し、発電します。つまり、原子炉はボイラーの役目をしているだけなのです。

原子力電池の仕組み

原子力発電の説明をしたのは、一般に原子力と言うと、原子力が全ての事を一手に引き受けて一挙に解決してくれるような錯覚や迷信ではないでしょうが、そのようなものがあるように感じられたからです。

原子力電池の場合にも同じことです。原子力は「熱を発生する」だけです。その熱を受けて、その熱エネルギーを電気エネルギーに換えるのは「熱電変換素子」という太陽電池の変形のような半導体素子なのです。

●原子力電池の仕組み

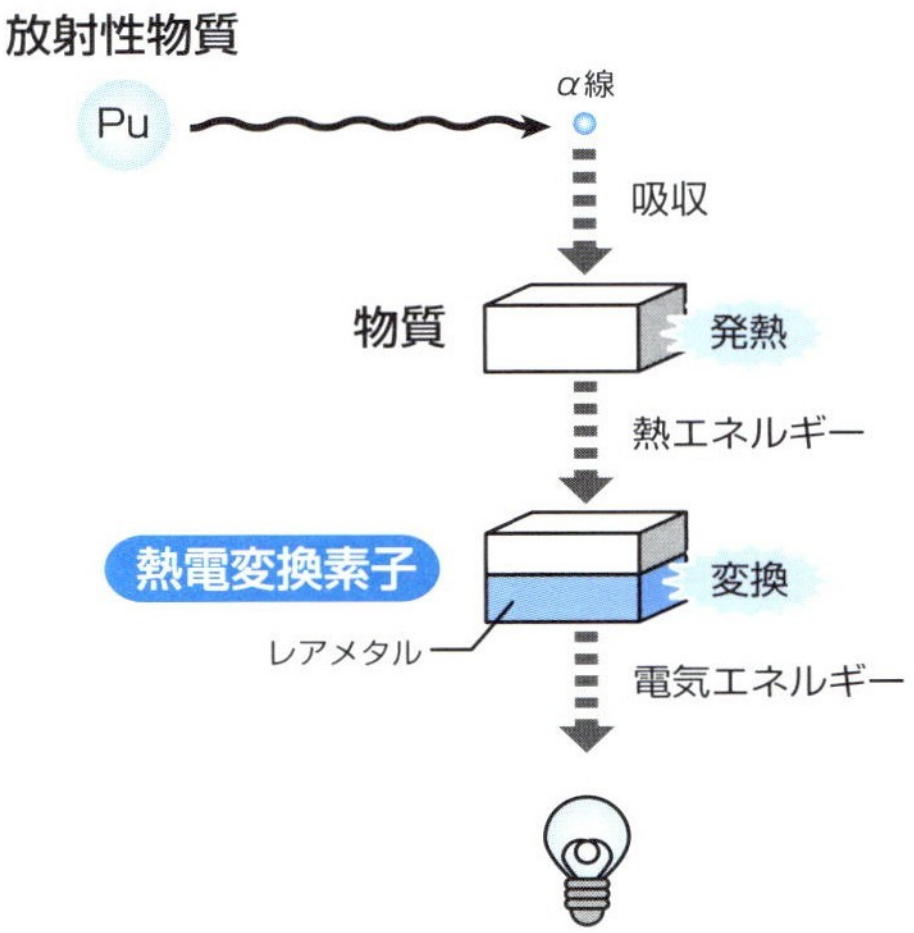
放射性物質
Pu
α線
吸収
物質
発熱
熱エネルギー
熱電変換素子
変換
レアメタル
電気エネルギー

❶放射性元素

プルトニウムの同位体^{238}Puやポロニウムの同位体^{210}Poは原子核反応（原子核崩壊）を起こしてα（アルファ）線を放出します。α線と言うのはヘリウムの原子核^{4}Heです。α線は非常に大きな運動エネルギーを持っており、他の物質の原子核に衝突して原子核反応を起こさせ、その時に原子核反応エネルギー（熱エネルギー）を発生します。

このエネルギーを吸収して電気エネルギーに変換するのが熱電変換素子なのです。

❷熱電変換素子

熱電変換素子は2種類の異なる金属または半導体を接合したもので、両端に温度差を生じさせると起電力が生じるものです。いくつもの種類がありますが、大きな電位差を得るためにp型半導体、n型半導体を組み合わせて使用されることが多いです。基本的な構造模式図を次の通りです。

●熱電変換素子

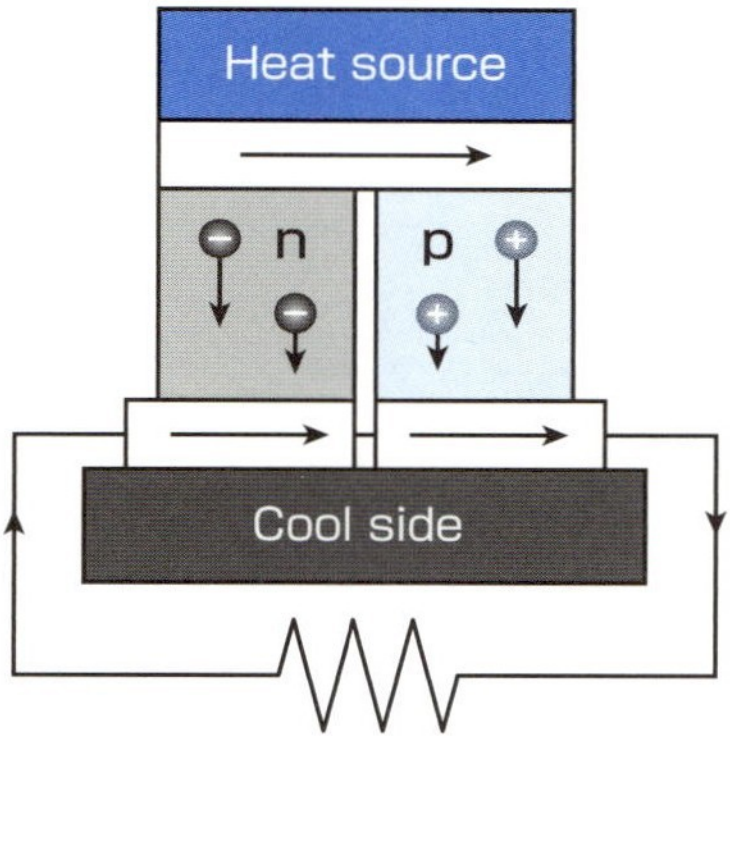
Heat source
n
p
Cool side

つまり、エネルギー源となる放射線源を用意し、そこから出るα線などの放射線を適当な物質に照射して発熱させ、そのエネルギーを熱電素子に渡して発電する物です。

この電池の長所は、放射性元素さえ用意すれば、長期間にわたって安定的な電力を供給できることです。短所は、何と言っても放射性元素の利用、放射線の利用です。これらが危険なものであることは日本人は経験済みです。

ということで、原子力電池は、主に人工衛星など、メンテナンスが不可能で、しかも数十年と言う長期間にわたって、太陽光も届かない暗黒極低温状態で活動を続ける宇宙探査の人工衛星の格好のエネルギー源として利用されています。

SECTION 38

太陽光燃料電池

太陽光燃料電池の名前から想像できるように、太陽電池と燃料電池を合体させたようなものです。エッセンスは、太陽光エネルギーで水を分解して水素を作り、その水素を燃料として水素燃料電池を稼働させると言うことです。つまり、太陽光による水の分解ということです。

水分解光触媒

太陽光による水の分解は、現在の技術でも可能です。つまり、太陽電池で発電し、その電気で水を電気分解すればよいだけです。しかし、このようにして得た水素で発電していたのでは堂々巡りをしているだけで、操作を重ねるごとにエネルギーロスが起こるだけです。

今回問題になっているのは、太陽光による水の直接分解です。このような場合に登場するのは触媒です。水を適当な触媒に触れさせ、その状態で太陽光にさらせば、何もしなくとも、水が勝手に分解して水素と酸素になってくれるというわけです。

そのような便利な触媒があるのかと思いますが、実は何種類も存在しているのです。主な物だけでも、「ロジウムドープ・チタン酸ストロンチウム($SrTiO_3$:Rh)」、「ニオブ酸水素鉛($HPb_2Nb_3O_{10}$)」、「ニオブ酸スズ($SnNb_2O_6$)」、「タンタル酸インジウムニッケル($In_{0.9}Ni_{0.1}TaO_4$)」、「酸窒化タンタル(TaON)」、「銅ドープ・タンタル酸ビスマス($BiTaO_4$:Cu)」などが知られています。

実用的な触媒開発

これらの触媒の多くは、チタンTi、ニッケルNi、ニオブNb、インジウムIn、タンタルTaなどのレアメタル、あるいは鉛などの毒性重金属を高濃度に含有しています。そのため、製造コストや環境適応性の面で問題があります。

そのような中で最近、普通のコモンメタルで、しかも毒性の心配も無い触媒が開発されました。「4酸化3スズ(Sn_3O_4)」です。スズSnは日本でも産出し、青銅の原料として歴史があり、食器にも使われている金属です。問題は効率ですが、今後、助触媒との組み合わせで効率の向上が見込まれると言うことで、将来が楽しみというところです。

●スズ

SECTION 39

有機二次電池

有機物が金属に置き換わろうとしていることは、先にお話ししました。電池の分野でも有機太陽電池として専用電池の領域に進出し、すでに実用化されています。ここでご紹介するのは有機物を使った二次電池、有機二次電池です。

有機物の電子授受

二次電池の材料になる基本的な資質は、電子の授受ができると言うことです。例えばリチウム二次電池では、リチウム原子Liが電子を放出してリチウムイオンLi^+になり、Li^+が電子を受け取ってLiに戻るという電子授受反応で放電と充電反応を行い、二次電池としての機能を

●リチウムの電子授受反応

$$Li \rightleftarrows Li^+ + e^-$$ （→：放電、←：充電）

果たしています。

同じことは有機物でも可能です。電気的に中性の有機物Oが電子を放出すれば陽イオンO^+となり、O^+が電子を受け取ればOに戻ります。リチウムと同じことです。

あるいはOが電子を受け取れば陰イオンO^-になり、O^-が電子を放出すればOになります。

有機ラジカル

原理的には、この通りなのですが、中性の有機物はなかなか電子授受反応を起こしません。つまり、抵抗が大きすぎて電池になりません。そこで注目されたのが、電気的に中性でありながら、不対電子を持つラジカルと言う分子(種)です。

R_2、すなわちR-Rという分子を考えてみましょう。2個のRを結合させている「-」は結合を表す記号ですが、実質

●有機物Oの電子授受反応

$$O \rightleftarrows O^+ + e^-$$ （→：放電、←：充電）

$$O^- \rightleftarrows O^+ + e^-$$ （→：放電、←：充電）

は2個の電子に相当しています。そこで、この2個の電子を両方のRが分け合うようにして分裂するとR・になります。

R・の「・」は1個の電子を表します。この電子はラジカル電子と呼ばれ、ラジカル電子を持つ分子種（分子のような物と言う意味）を一般にラジカルと言います。ラジカルは不安定で、不対電子を放出して陽イオンR^+になるか、もう一個のラジカル電子を受け取って陰イオンR^-になろうとします。

この反応ならば、抵抗が低いので電池反応としてはうってつけです。しかし問題はラジカルR・が一般に、ものすごく不安定で安定な物質として取り出すことは不可能ということです。ところが研究の結果、非常に安定なラ

●ラジカル

$$R-R \longrightarrow 2R\cdot$$

$$R\cdot \rightleftarrows R^+ + e^- \quad (\longrightarrow：放電、\longleftarrow：充電)$$

$$R^- \rightleftarrows R\cdot + e^- \quad (\longrightarrow：放電、\longleftarrow：充電)$$

ジカルを作り出すことに成功しました。ニトロキシルラジカルと言われるものです。

高分子化

しかし、ニトロキシルラジカルそのものでは電解液などの溶媒に溶けてしまいます。そのため、溶解しないようにラジカルを高分子化(プラスチック化)することにも成功しました。

現在、このような材料を使って実際の有機二次電池の性能試験をしているところです。既に

●ニトロキシルラジカル

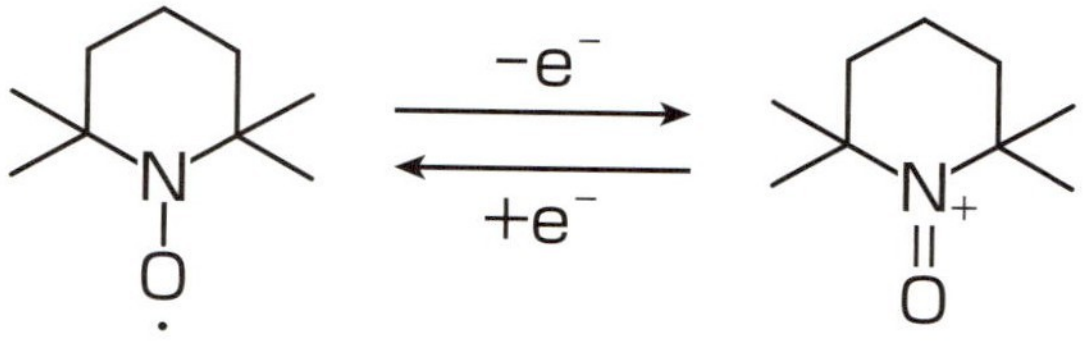

−e⁻
+e⁻
N
O
N+
O

●ラジカルを高分子化

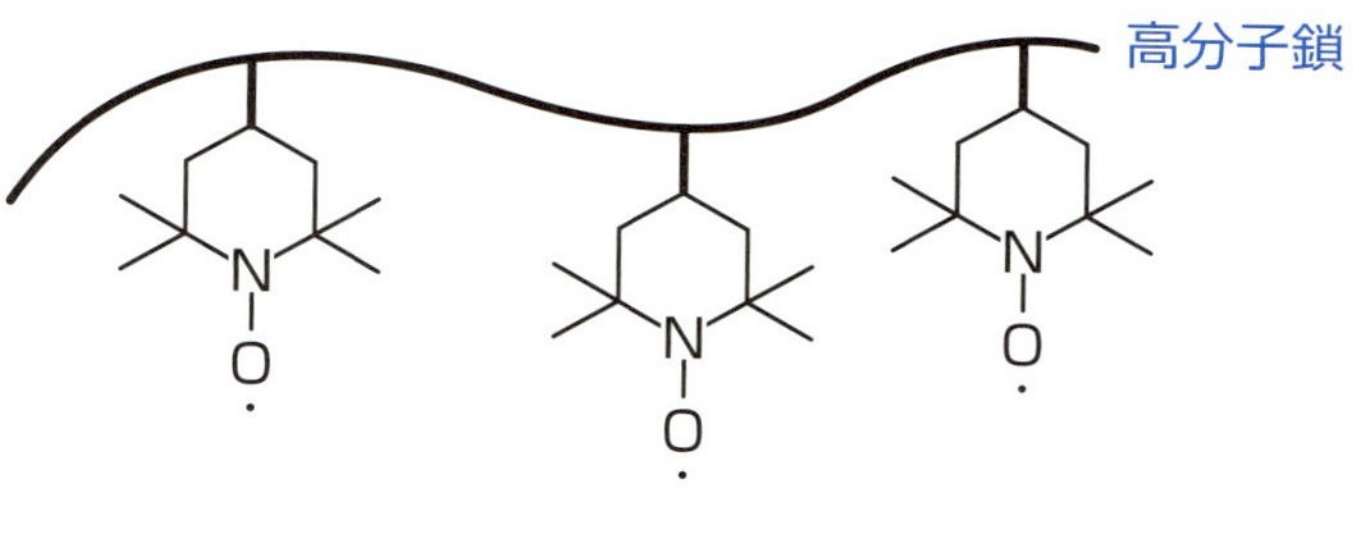

高分子鎖
N
O
N
O
N
O

リチウムイオン二次電池に比肩する性能が得られていると言います。

リチウムはレアメタルであり、世界総生産量の約80％をオーストラリア、チリ、アルゼンチンの三カ国が占めています。日本では産出しません。

このようなリチウムを使わずに、リチウムイオン電池と同等の性能を持つ電池が開発できたとしたら電池にとってこの上ない朗報です。研究の順調な発展を祈りたいものです。

さ行

た行

英数字・記号

あ行

か行

ま行

や行

ら行

な行

は行

■著者紹介

齋藤（さいとう） 勝裕（かつひろ）

名古屋工業大学名誉教授、愛知学院大学客員教授。大学に入学以来50年、化学一筋できた超まじめ人間。専門は有機化学から物理化学にわたり、研究テーマは「有機不安定中間体」、「環状付加反応」、「有機光化学」、「有機金属化合物」、「有機電気化学」、「超分子化学」、「有機超伝導体」、「有機半導体」、「有機EL」、「有機色素増感太陽電池」と、気は多い。執筆暦はここ十数年と日は浅いが、出版点数は150冊以上と月刊誌状態である。量子化学から生命化学まで、化学の全領域にわたる。更には金属や毒物の解説、呆れることには化学物質のプロレス中継?まで行っている。あまつさえ化学推理小説にまで広がるなど、犯罪的?と言って良いほど気が多い。その上、電波メディアで化学物質の解説を行うなど頼まれると断れない性格である。著書に、「SUPERサイエンス 意外と知らないお酒の科学」「SUPERサイエンス プラスチック知られざる世界」「SUPERサイエンス 人類が手に入れた地球のエネルギー」「SUPERサイエンス 分子集合体の科学」「SUPERサイエンス 分子マシン驚異の世界」「SUPERサイエンス 火災と消防の科学」「SUPERサイエンス 戦争と平和のテクノロジー」「SUPERサイエンス 「毒」と「薬」の不思議な関係」「SUPERサイエンス 身近に潜む危ない化学反応」「SUPERサイエンス 爆発の仕組みを化学する」「SUPERサイエンス 脳を惑わす薬物とくすり」「サイエンスミステリー 亜澄錬太郎の事件簿1 創られたデータ」「サイエンスミステリー 亜澄錬太郎の事件簿2 殺意の卒業旅行」「サイエンスミステリー 亜澄錬太郎の事件簿3 忘れ得ぬ想い」（C&R研究所）がある。

編集担当：西方洋一 ／ カバーデザイン：秋田勘助（オフィス・エドモント）
写真：©Frank Peters - stock.foto

SUPERサイエンス
世界を変える電池の科学

2019年1月9日　　初版発行

著　者　齋藤勝裕
発行者　池田武人
発行所　株式会社　シーアンドアール研究所
新潟県新潟市北区西名目所4083-6（〒950-3122）
電話　025-259-4293　　FAX　025-258-2801
印刷所　株式会社　ルナテック

ISBN978-4-86354-268-6 C0043